航天科技图书出版基金资助出版

# 宇航高可靠 FPGA 设计技巧

赵万良　王有波　张晓慧　编著

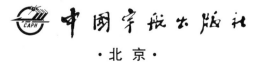

中国宇航出版社

·北京·

图书在版编目（ＣＩＰ）数据

宇航高可靠 FPGA 设计技巧 / 赵万良，王有波，张晓慧编著 . −− 北京 : 中国宇航出版社，2021.12

ISBN 978 - 7 - 5159 - 1909 - 6

Ⅰ.①宇… Ⅱ.①赵… ②王… ③张… Ⅲ.①航空航天工业－工业产品－可编程序逻辑器件－产品设计 Ⅳ.①V1

中国版本图书馆 CIP 数据核字（2021）第 072935 号

| | | | | |
|---|---|---|---|---|
| **责任编辑** | 彭晨光　朱琳琳 | **封面设计** | 宇星文化 | |

**出 版<br>发 行** 中国宇航出版社

| | | | |
|---|---|---|---|
| **社　址** | 北京市阜成路 8 号　　邮　编　100830 | **版　次** | 2021 年 12 月第 1 版 |
| | （010)60286808　　（010)68768548 | | 2021 年 12 月第 1 次印刷 |
| **网　址** | www.caphbook.com | **规　格** | 787×1092 |
| **经　销** | 新华书店 | **开　本** | 1/16 |
| **发行部** | （010)60286888　　（010)68371900 | **印　张** | 11.75 |
| | （010)60286887　　（010)60286804(传真) | **字　数** | 286 千字 |
| **零售店** | 读者服务部　　　　（010)68371105 | **书　号** | ISBN 978 - 7 - 5159 - 1909 - 6 |
| **承　印** | 天津画中画印刷有限公司 | **定　价** | 80.00 元 |

# 航天科技图书出版基金简介

航天科技图书出版基金是由中国航天科技集团公司于2007年设立的,旨在鼓励航天科技人员著书立说,不断积累和传承航天科技知识,为航天事业提供知识储备和技术支持,繁荣航天科技图书出版工作,促进航天事业又好又快地发展。基金资助项目由航天科技图书出版基金评审委员会审定,由中国宇航出版社出版。

申请出版基金资助的项目包括航天基础理论著作,航天工程技术著作,航天科技工具书,航天型号管理经验与管理思想集萃,世界航天各学科前沿技术发展译著以及有代表性的科研生产、经营管理译著,向社会公众普及航天知识、宣传航天文化的优秀读物等。出版基金每年评审1~2次,资助20~30项。

欢迎广大作者积极申请航天科技图书出版基金。可以登录中国宇航出版社网站,点击"出版基金"专栏查询详情并下载基金申请表;也可以通过电话、信函索取申报指南和基金申请表。

网址:http://www.caphbook.com

电话:(010) 68767205,68768904

# 前　言

　　FPGA 是一种以可编程器件为基础的大规模半定制集成电路，其基本原理是以小型查找表或者多路选择器为基本逻辑单元实现大规模的逻辑功能，与全定制的集成电路相比，成本低、开发速度快、设计灵活、便于修改和功能拓展。目前在航天领域中较常用的 FPGA 类型有 SRAM 型和反熔丝型，反熔丝型 FPGA 由于具有空间抗单粒子能力及高可靠性，主要应用于空间飞行器的控制、驱动等方面；SRAM 型 FPGA 由于具有丰富的逻辑资源，所以在航天领域的通信以及数据处理等方面应用较多。

　　由于 FPGA 的配置灵活、可编程资源丰富、抗辐照能力强、内嵌模块多样，近几十年在国内外空间飞行器中得到了大量的应用。由作者带领的空间惯性及驱动产品 FPGA 设计验证团队进行了多年的 FPGA 可靠性研究，研制的多个惯性领域和空间驱动领域的 FPGA 产品已经在星、箭、弹、船、器等多个型号的相关产品上大量应用。本书是在研发团队多年研发经验和工程实践的基础上，对宇航高可靠 FPGA 的设计和验证成果进行总结而成的。

　　本书对宇航用 FPGA 及其可靠性的相关技术进行了系统性的阐述，描述了 FPGA 的芯片制造技术以及可靠性设计的方法，同时把宇航电子器件特有的需要抗单粒子效应以及在轨维护的特性引入书中，具有理论和实践相结合的特点。全书共 7 章：第 1 章为绪论；第 2 章论述了反熔丝 FPGA 芯片技术，包括结构、编程技术、FPGA 器件抗辐照情况以及典型设计实例；第 3 章论述了 FPGA 的可靠性设计通用技术；第 4 章论述了空间辐射对 FPGA 的影响和常用抗单粒子翻转技术；第 5 章论述了 FPGA 的故障检测与定位、容错与纠错以及冗余备份与仲裁；第 6 章论述了宇航用 FPGA 重配置技术；第 7 章论述了高可靠性 FPGA 测试特性、测试流程与方法。

　　在本书编写过程中，王伟、高雪松、陶晟、申友涛、吴鹏飞、李江腾、姜海洋、朱紫涵、丁承华、张永杰、仇存凯、赵飞、付培华等空间惯性及驱动产品 FPGA 设计验证团队成员参与了本书部分内容的编写和审校工作，在此对同事的帮助与支持深表感谢。

　　本书主要面向从事航天及相关领域研究的科研工作者和高校师生，可在 FPGA 的理论研究、设计开发、可靠性研究以及宇航应用等方面为读者提供借鉴与参考。

　　本书的出版得到了航天科技图书出版基金的资助，作者在此表示衷心的感谢。

　　由于作者的水平有限，书中难免有不足及疏漏之处，欢迎广大读者批评指正。

# 目　录

# 第 1 章　绪　论

1997 年，现场可编程门阵列（Field Programmable Gate Array，FPGA）在火星探路者（Mars Pathfinder）任务中取得成功。它用于火星探测器的控制计算机，主要执行了从地球到火星飞行的导航任务。在美国国家航空航天局（National Aeronautics and Space Administration，NASA）的勇气号（Spirit）火星探测器中，FPGA 芯片被用于车轮电机控制、机械臂控制和火星着陆器的关键点火设备控制。欧洲空间局（European Space Agency，ESA）的火星快车号轨道卫星中的固态记录器使用了 20 多片 FPGA。德国的全球首个采用红外传感器技术的卫星——双光谱红外探测卫星（Bi - Spectral Infrared Detection，BIRD）中使用了超过 20 片的高可靠 FPGA，用于卫星的有效载荷数据处理、存储器管理、接口和控制、协处理以及红外摄影机的传感器控制等多个关键性功能[1]。欧洲第一个彗星轨道器和着陆器 ROSETTA 上使用的 FPGA 芯片超过 40 片，承担了控制、数据管理、电源管理等重要功能[2]。FPGA 在我国的北斗导航卫星、神舟飞船、嫦娥月球探测器等国家重大工程中大量应用。从以上宇航应用可知，国内外的各类空间飞行器都离不开 FPGA 器件，FPGA 的发展极大促进了空间飞行器的发展，同时 FPGA 在空间飞行器中的成功应用也极大地促进了宇航用 FPGA 的发展。

FPGA 具有配置灵活、可编程资源丰富、I/O 引脚多、功耗低、成本低等优点，顺应了空间飞行任务的需求，因此被大量应用于空间领域的信号处理和控制系统中[3]。由于空间环境极其恶劣，含有大量的宇宙射线、地球辐射等，FPGA 在空间环境中，容易被空间辐射影响，发生总剂量效应（Total Ionizing Dose Effects，TID）、单粒子翻转（Signal Event Upset，SEU）、单粒子闩锁（Signal Event Latchup，SEL）、位移损伤（Displacement Damage，DD）等，使得 FPGA 失效，从而导致系统错乱，严重时甚至会损伤器件，造成航天事故[4]。国内外曾发生多起卫星在太空环境中因 FPGA 受单粒子翻转影响导致系统故障的事件。据国外报道，2011 年世界范围内辐射损伤造成的航天器异常约占全部故障案例的 45%，而辐射损伤中单粒子翻转占比最大，约为 80%，具体情况如图 1 - 1 所示[5]。

由于 FPGA 承担了宇航产品的数据处理、存储器管理、接口和控制、电机控制等功能，其可靠性直接影响了宇航产品的可靠性以及使用寿命，如果 FPGA 软件的可靠性不达标，可能会导致飞行器无法完成既定的功能，甚至发生失效，因此必须重视宇航用 FPGA 的可靠性。

由于 FPGA 具有可灵活配置和多模块并行处理的优势，在航天领域中被大量应用。但也正是因为它具有灵活性等特点，在进行编码和应用时极易产生可靠性问题。首先，FPGA 软件使用了硬件描述语言，编写时必须充分考虑其在 FPGA 硬件电路内部的具体实现形式，重点关注数字电路的可靠性；其次，FPGA 在空间环境中受单粒子效应的影响，

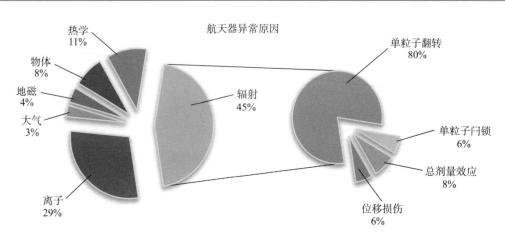

图 1-1　航天器故障统计

具有较高的时间和空间上的不确定性，需重点研究 FPGA 抗单粒子效应的措施，同时考虑到宇航高可靠使用的要求，还需特别重视 FPGA 的系统容错和在轨维护；最后，如何有效验证和评估软件的可靠性，也是当前亟待解决的难题。

## 1.1　FPGA 的发展历程

FPGA 技术伴随着可编程逻辑器件的发展而逐渐趋于成熟，从最早期的可编程逻辑器件（Programmable Logic Device，PLD）开始到 20 世纪 80 年代中期第一次出现 FPGA 再到如今的可编程片上系统（System on a Programmable Chip，SoPC），已经发展了 50 年并经历了多个发展阶段，具体过程如图 1-2 所示。

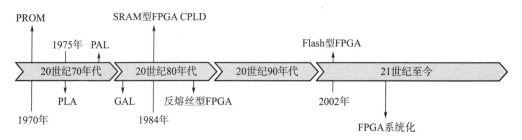

图 1-2　FPGA 发展时间轴

20 世纪 70 年代，PLD 作为一种可由用户进行编程来确定逻辑功能的集成电路出现在人们的视野中，先后出现了可编程只读存储器（Programmable Read - Only Memory，PROM）、可编程逻辑阵列器件（Programmable Logic Array，PLA）和可编程阵列逻辑器件（Programmable Array Logic，PAL）。20 世纪 80 年代，市场上推出了可电擦写的通用阵列逻辑器件（Generic Array Logic，GAL），并逐渐发展为具备系统可编程能力的复杂可编程逻辑器件（Complex Programmable Logic Device，CPLD）；1984 年，Xilinx 公司在静态存储器（Static Random Access Memory，SRAM）技术的基础上率先研发出了第一款 FPGA 产品——XC2064[6]。20 世纪 80 年代末至 90 年代初期，只能一次性编程的大容量反熔丝型 FPGA 是市场主流，多 FPGA 系统成为流行；而到了 20 世纪 90 年代中后期，由于 SRAM 型 FPGA 每次都率先采用了新的工艺节点，产品更新速度更快，所以其竞争优势又突显出来；2002 年，Actel 公司研发出了 Flash 型 FPGA，其具有集成度高、掉电不易失、在恶劣环境中工作较为可靠等优点，在宇宙空间中不易产生单粒子翻转，所以在航天领域中应用较多。21 世纪以来，相比于定制芯片，更新成本更低的 FPGA 在数字通信领域的应用急剧增多，并不断朝着系统化方向发展，一个 FPGA 芯片就可以当一个系统使用，实现的功能变得越来越多。如图 1-3 所示，20 世纪 70 年代，系统基本由微处理器、存储器和分立的逻辑器件组成；到了 20 世纪 80 年代，专用集成电路（Application Specific Integrated Circuit，ASIC）替代了大部分的分立逻辑器件，某些部分由 FPGA 替

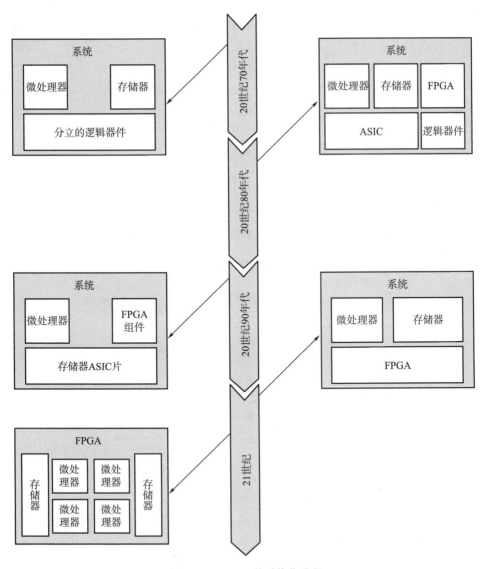

图 1-3 FPGA 的系统化进程

代；而 20 世纪 90 年代，系统主要由微处理器、存储器 ASIC 片和 FPGA 组件组成；直到如今，ASIC 逐渐被 FPGA 取代，并且由于 FPGA 中不断加入了微处理器和存储器的功能，FPGA 已经可以单独作为一个系统来使用[7]。

当前 FPGA 的主要生产厂商有 Xilinx、Intel（2015 年收购 Altera）、Microsemi（2010 年收购 Actel）、Lattice 等，其中 Xilinx 和 Intel 占据了 FPGA 市场的主导地位，全球 80% 以上的 FPGA 产品由这两家公司提供。而在航天方面，宇航级 FPGA 主要来源于 Microsemi 和 Xilinx 两家公司。

### 1.1.1　Microsemi 公司

Microsemi 公司于 2010 年收购了反熔丝型和 Flash 型 FPGA 的主要制造商 Actel 公司。Actel 公司于 1985 年成立，早期主要服务于美国军方，主要产品是反熔丝型 FPGA，当时占据了美国 90% 以上的航空航天 FPGA 市场，具有双重保密、抗辐射能力强、耐高低温、功耗低、速度快、安全性高等优点。Actel 的 FPGA 已经用于超过 300 个太空计划，包括 GPS、EchoStar、国际空间站、火星探路者、火星快车，以及哈勃太空望远镜等[8]。2002 年，Actel 创新性地研发出基于 Flash 架构的 FPGA 后，逐渐转向了民用和商用市场[9]。

Microsemi 公司 2010 年收购了 Actel 公司后，其 FPGA 产品也主要朝着 Flash 型、反熔丝型以及抗辐照型的方向发展，具体情况见表 1 - 1。

表 1 - 1　Microsemi 公司主要 FPGA

| FPGA 类型 | 主要系列 | 主要型号 | 主要特点 |
|---|---|---|---|
| Flash 型 FPGA | ProASIC3 | ProASIC3/E<br>ProASIC3 nano<br>ProASIC3L | 在功耗、价格、性能、密度等方面比同类产品优势更突出 |
| | IGLOO | IGLOO<br>IGLOO nano<br>IGLOO PLUS | 采用了降低静态功耗的 Flash * Freeze 技术，功耗很低 |
| | Fusion | Sm | 可输入混合信号，集成度较高 |
| 反熔丝型 FPGA | Axcelerator | AX1000、AX2000 | 功耗低、存储信息不易失，但只可一次性编程 |
| | SX - A | A54SX72A | |
| | eX | eX 256 | |
| | MX | A42MX36 | |
| 抗辐照型 FPGA | RTAX - S/SL<br>RT ProASIC3<br>RTSX - SU | RTAX4000S/SL<br>RT3PE3000L<br>RTSX72SU | 内部采用三模冗余设计，抗辐照性好、可靠性高、对电离效应免疫 |

Flash 型 FPGA 是基于查找表的基本逻辑单元，采用了 Flash 编程技术，具有非易失性、低功耗、可靠性高、保密性好等优点。ProASIC3 系列产品是最早推出的 Flash 系列 FPGA，可支持 1 万至 300 万个系统门和最多 620 个 I/O，在汽车等级和军用等级中有较多的应用；IGLOO 系列是从 ProASIC3 系列发展而来的业界最低功耗的 FPGA 产品，采用了降低静态功耗的 Flash * Freeze 技术，在芯片不需要工作时置于休眠状态，静态功耗最低可达 2 $\mu$W；Fusion 系列产品是从 ProASIC3 系列发展而来的业界第一款混合信号的 FPGA，内部集成了 ADC 和 DAC，所以也支持模拟信号的输入，同时 Fusion 还集成了可配置模拟部件、大容量 Flash 内存构件、全面的时钟生成和管理电路以及基于 Flash 的高性能可编程逻辑，使得 FPGA 的片上系统化（System on Chip，SoC）成为可能。

Microsemi 公司的反熔丝型和抗辐照型 FPGA 都是基于反熔丝工艺的产品，采用了反熔丝的编程技术，基本逻辑单元是多路选择器，在航天领域主要用于空间操控、战略导弹的控制测试等方面。其推出的第一款反熔丝 FPGA 芯片 ACT1 仅拥有 1 200～2 000 个等效门，而近几年推出的抗辐照型反熔丝 FPGA RTAX - S/SL 系列则包含 25 万～400 万个等效门，采用 0.15 $\mu$m、7 层金属的互补金属氧化物半导体（Complementary Metal Oxide Semiconductor，CMOS）反熔丝工艺，最高工作频率可达到 350 MHz，此外，该系列 FPGA 还具有较强的抗辐射能力，抗总剂量能力高达 300 krad（Si）[10]。

## 1.1.2 Xilinx 公司

Xilinx 公司的 FPGA 产品以 SRAM 型 FPGA 为主，在可编程逻辑性能、逻辑容量、可靠性及使用灵活性方面一直保持着业界领跑地位，在航天领域，主要应用于空空通信、数据处理、图像处理等方面。作为 FPGA 的发明者，Xilinx 占有全球超过一半的市场，提供了约 90% 的高端 FPGA 产品。其主流 FPGA 产品主要有两类，一类侧重于低成本、容量中等、性能可以满足一般逻辑设计需求，如 Spartan 系列；另一类则侧重于高性能、大容量、可满足各种高端应用，如 Virtex 系列[11]。

1984 年，Xilinx 第一款 FPGA 产品 XC2064，可用的最大门数不超过 1 000 门；1997 年，Xilinx 推出了当时业内最大的 FPGA——XC4085XL，采用了 0.35 $\mu$m 的工艺制造，可用逻辑门数达到了 8.5 万门；1998 年则推出了由 XC4000 系列的 FPGA 结构、5 层金属和 0.25 $\mu$m 工艺相结合产生的 Virtex 结构，其密度可达 100 万门，时钟频率高达 100 MHz 以上；2006 年 5 月，推出了全球第一款 65 nm 的 FPGA 系列——Virtex - 5，基于 65 nm 三极栅氧化层技术、11 层铜布线工艺、低 K（低介电常数）材料、新型镍硅自对准技术、新型 ExpressFabric 技术和 ASMBL 架构，可提供 33 万个逻辑单元和 1 200 个用户 I/O，与前一代 90 nm FPGA 相比，整体性能平均提高了 30%，容量提高了 65%，动态功耗降低了 35%；近十几年来，基于 CMOS 工艺的进步，Xilinx 陆续推出了 Virtex - 6（45 nm）、Virtex - 7（28 nm）、Virtex UltraScale＋（16 nm），以及最近才推出的 7nm 工艺的 Versal Premium 系列[12]。

Xilinx 公司的宇航用 FPGA 比商用产品滞后，目前共有 4 代产品。其中前 3 代产品均为耐辐射产品，无单粒子翻转指标。第 4 代产品是基于 65 nm 工艺的 XQR5VFX130器件，代表了目前世界上宇航用 FPGA 的较高水平。2017 年起，美国航天型号开始选用该产品，并同步开始长寿命飞行验证，成为美国航天型号重点选用的核心可编程器件[13]。

### 1.1.3　宇航用 FPGA 现状

FPGA 自从 20 世纪 80 年代问世以来，就在与中央处理器（Central Processing Unit，CPU）、ASIC 乃至图形处理器（Graphics Processing Unit，GPU）竞争市场。现如今，FPGA 集成了越来越多的硬核功能，与 ASIC 趋于融合，现代的接口也使得 FPGA 更易于编程、更为模块化。FPGA 器件的组成不再仅限于基本的可编程逻辑单元、可编程 I/O 单元、丰富的布线资源，而且还拥有灵活的时钟管理单元、嵌入式模块 RAM 以及各种通用的内嵌功能单元，很多器件还顺应市场需求内嵌专用的硬件模块，并推出了硬核 ARM（Advanced RISC Machine，ARM）处理器＋FPGA 的产品。近年来，无论是反熔丝型、SRAM 型抑或是 Flash 型 FPGA 都主要朝着以下几个方向迈进。

（1）与半导体工艺的同步推进

遍览三大公司的 FPGA 发展历程，可以发现几乎 FPGA 芯片的每一次变革都伴随着半导体工艺的进步，事实上到目前为止，无论集成电路如何改进节点技术，其根本原理都离不开半导体工艺制程技术。截至 2020 年，半导体工艺已迈入 5 nm 节点。

（2）抗辐照能力的提升

FPGA 的高可靠性在航天应用中已成为热点研究话题，SRAM 型 FPGA 对空间辐射相较反熔丝型和 Flash 型 FPGA 更为敏感，单粒子效应等更为明显，逻辑单元的状态容易发生改变[14]，而航天器对于可靠性的要求极为严格，对系统工作的稳定性要求也极高，所以各大公司也在不断地提升芯片的抗辐照能力。

（3）FPGA 的系统化

SoPC 是一种灵活、高效的 SoC 解决方案，它将处理器、存储器、I/O 口和低电压差分信号（Low-Voltage Differential Signaling，LVDS）等系统需要的功能模块集成到一片FPGA 上[15]，构成了一个可编程的片上系统。Microsemi 公司的 SmartFusion 系列、Intel公司的 Agilex 系列和 Xilinx 公司的 ZYNQ 系列是各公司发布的 SoPC 相关产品，且随着更新换代，功能也越发全面。图 1-4 所示为一款典型的 SoPC 芯片结构。

（4）EDA 技术

电子设计自动化（Electronic Design Automation，EDA）技术是一种以计算机为主要设计平台、以 EDA 软件为主要设计工具、以硬件描述语言为设计语言、以 CPLD/FPGA 为主要设计载体、以 SoPC 等为主要设计手段的自动化设计技术[16]。为了提高FPGA 设计的速度与精度，未来还可以进一步普及使用 EDA 工具，如 Quartus Prime、Modelsim、FPGA CompilerII 等。Quartus Prime 软件可以产生 EDIF 网表文件、VHDL

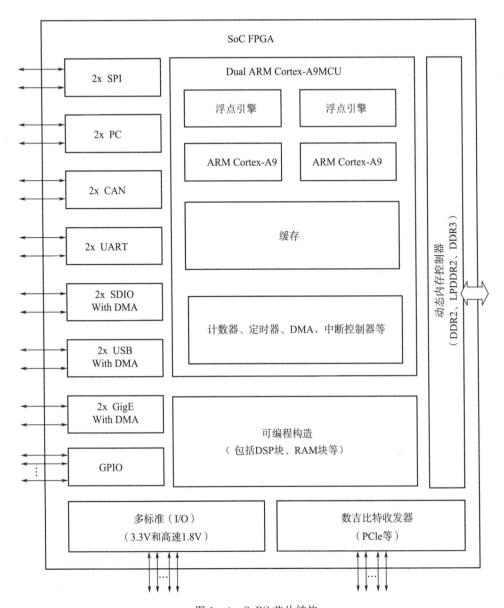

图 1-4 SoPC 芯片结构

网表文件和 Verilog HDL 网表文件，为其他 EDA 工具提供方便的接口，并且在 Quartus Prime 的集成环境中可以自动运行其他 EDA 工具。Modelsim 是一款功能强大的仿真工具，可以较为直观地观察设计结构、信号、波形、进程等。FPGA CompilerII 则是一个较为完善的 FPGA 逻辑分析、综合和优化工具。不同的 EDA 工具有不同的优势，未来在实际开发中可以在 FPGA 的各个设计阶段选用适合的 EDA 工具，不仅可以更轻松地完成 FPGA 的设计，还可以更直观地观察仿真结果，使得设计和调试时间缩短、可靠性和精度提高[17]。

## 1.2　宇航用 FPGA 发展趋势

伴随着制造工艺的不断进步，FPGA 在深亚微米甚至深亚纳米时代一直走在创新的第一线，未来也将在此方向上继续推进。宇航用 FPGA，除了顺应商用 FPGA 在制造工艺上的不断提升外，其在空间应用中的高可靠性的相关研究也会越发受到重视。FPGA 未来主要会朝着以下几个方向发展：容量越来越大、密度和运行速度越来越高、功耗越来越低；模块复用率越来越高；系统化程度越来越高；可靠性越来越高。

### 1.2.1　高容量、高密度、高速度、低功耗

未来空间飞行器会朝着体积小、质量小、功能全的方向发展，将会大量使用综合电子技术，更多的硬件功能将会被集成在 FPGA 上，这势必会要求在 FPGA 上实现更多、更复杂的功能以及更低的功耗。在信息处理、数据传输、系统控制等领域，FPGA 还需要拥有更高的处理速度，因此要求 FPGA 的容量、密度、运行速度越来越高，功耗越来越低。随着制造工艺和布局布线方式的更新，FPGA 芯片的集成度大大提高，并且片内资源浪费减少，封装和散热成本降低，可靠性提高，所以 FPGA 也必将朝着高容量、高密度、高速度、低功耗的方向发展。

### 1.2.2　高软件复用率

未来宇航用 FPGA 需要完成的功能越来越多，传统的基于硬件描述语言（Hardware Description Language，HDL）的代码设计方法会导致工作量急剧增加，很难满足超大规模的 FPGA 设计，因此迫切需要生成一些在设计时可以直接加以复用的常用功能的软件模块。目前，FPGA 技术及设计语言已基本发展成熟，空间应用的成功案例也越来越多，这些都推动了 FPGA 软件可复用标准模块的生成，不仅可以节省设计时间，有更多的精力集中在新功能的开发上，还可以提高产品的可靠性。

### 1.2.3　高系统集成度

未来空间飞行器的体积会越来越小，使得硬件系统的占用空间被大大压缩，因此更希望 FPGA 的外围器件（如 AD/DA、DSP 信号处理器、高速串行收发器等）能集中在单个 FPGA 芯片上，以减小硬件系统的体积。随着集成电路制造工艺的发展，FPGA 可以集成越来越多的硬件功能模块，特别是 SoPC 技术的发展，使得芯片的可编程逻辑资源增多，以集成更多的接口、存储器等功能模块来实现片上系统，并提高硬件系统的资源利用率、计算性能，还能增强设计灵活性、测试便捷度以及可重配置能力。

### 1.2.4　高可靠性

未来，宇航用 FPGA 设计的核心任务是可靠性的提升。以下几个方向将会是宇航用

FPGA 可靠性提升的重点发展方向。

（1）编码规范

随着宇航用 FPGA 的功能越来越强大，FPGA 的故障率越来越高，如功能的增多会导致时序的设计变得复杂，如果时序设计不合理、不规范就可能使得数据的传输变得不稳定，出现输出无法控制、产生偶发性错误的后果。因此未来一定要注重编码规范，减少因不规范产生的芯片故障，提高 FPGA 的可靠性。

（2）容错设计

空间环境中的各种高能粒子会使得 FPGA 的逻辑状态发生翻转，从而导致程序错误或系统功能异常[18-19]。由于系统复杂度不断提高，此类功能异常的现象将会越发常见，因此更加需要重视三模冗余（Triple Modular Redundancy，TMR）技术[20]、检错与纠错（Error Detection And Correction，EDAC）技术等，以提升 FPGA 的可靠性。除此之外，宇航用 FPGA 的容错设计需要更多地关注硬件容错技术、软件容错技术与信息容错技术等，来提高系统的可靠性。

（3）在轨维护

未来空间飞行器的复杂度将会不断提高，使用寿命会不断延长，为了应对在轨服役过程中可能会出现的系统故障或是提出的大规模的软件及算法的更新需求，FPGA 未来必须具有在轨维护和重配置功能。随着可重配置技术的不断发展，空间飞行器的在轨故障检测与辨识、在轨任务功能升级以及在轨设备维护的能力将会不断提升，不仅能及时修复故障，还能适应算法的更新需求并延长使用寿命，以提高系统整体的可靠性[21]。

（4）软件测试

由于 FPGA 的规模不断增大，软件的测试难度随之增大，传统的测试方法在故障检出率和测试效率上很难满足未来的设计需求，因此急需开发更高效的测试工具，建立更高效和全面的测试标准。随着 EDA 技术和智能化软件的发展，通过测试工具可以更精准、快速地定位软件设计问题，完成更多的测试需求，以达到提高测试精度、速度、效率和系统可靠性的目的。借助新型的测试工具，结合 FPGA 的发展，需要建立一个更全面、更标准、更高效的测试体系来保障 FPGA 的可靠性。

# 参 考 文 献

［1］ 宋克非 . FPGA 在航天遥感器中的应用 ［J］. 光机电信息，2010，27（12）：49-55.

［2］ 张文龙 . 航天应用 FPGA 可靠性设计 ［D］. 西安：西安电子科技大学，2014.

［3］ Xilinx Introduces the Industry's Highest Performance，Largest Capacity FPGAs for Space Applications，04/08/2008，p4.

［4］ 谢楠 . 宇航用 FPGA 单粒子效应及监测方法研究 ［D］. 西安：西安电子科技大学，2011.

［5］ R ECOFFET. On-orbit anomalies：investigations and root cause determination ［C］. IEEE NSREC 2011 Short Course Notes，Section IV. IEEE，2011.

［6］ 李辉，邓超 . FPGA 原理与应用 ［M］. 北京：机械工业出版社，2019.

［7］ 费尔南达·利马·卡斯滕斯密得，路易吉·卡罗，里卡多·赖斯 . 基于 SRAM 的 FPGA 容错技术 ［M］. 杨孟飞，龚健，文亮，等，译 . 北京：中国宇航出版社，2009.

［8］ Actel 基于 Flash 架构的 FPGA 讲座（1）Actel 系列 FPGA 的特点 ［J］. 电子产品世界，2009，02：95-96.

［9］ 逻辑分析仪—从入门到精通讲座（10）逻辑分析仪在 ACTEL 开发平台中的应用 ［J］. 今日电子，2009：58-59.

［10］ Microsemi 公司 . http：//www. microsemi. com.

［11］ 杨佳奇 . 基于 JTAG 的 FPGA 配置方法与电路设计 ［D］. 西安：西安电子科技大学，2018.

［12］ 王红，彭亮，于宗光 . FPGA 现状与发展趋势 ［J］. 电子与封装，2007：7（7）：32-37.

［13］ Xilinx 公司 . http：//www. Xilinx. com.

［14］ VIJAY G SAVANI，AKASH I MECWAN，N P GAJJAR. Dynamic Partial Reconfiguration of FPGA for SEU Mitigation and Area Efficiency ［C］. International Journal of Advancements in Technology. Vol 2，No 2（April 2011）. 286.

［15］ 陈金鹰 . FPGA 技术及应用 ［M］. 北京：机械工业出版社，2015.

［16］ 闫鹏 . 基于 FPGA 的自律双机热备系统的研究与设计 ［D］. 北京：北京交通大学，2013.

［17］ 张茜 . FPGA 性能可靠性测试方法研究 ［D］. 北京：北京理工大学，2016.

［18］ 徐衡 . 基于 FPGA 的电路可靠性设计和测试方法研究 ［D］. 上海：复旦大学，2013.

［19］ 刘思恺，胡助理，邢克飞，等 . 电路逻辑单元单粒子效应敏感性研究 ［J］. 现代应用物理，2014，5（4）：285-286.

［20］ Xilinx，Inc. Triple Modular Redundancy Design Techniques for Virtex FPGAs. Xilinx Applications Note APP197，2006.

［21］ 陈其聪，顾明剑 . 基于星地链路的 FPGA 在轨可重构设计 ［J］. 红外，2018，39（7）：19-24.

# 第 2 章 反熔丝 FPGA 芯片技术

随着半导体器件制作工艺的不断完善，各类 FPGA 层出不穷。为了满足宇航应用的严苛环境需求，各 FPGA 生产厂商纷纷推出了可靠性和抗辐照能力更高的宇航级 FPGA，其中 Actel 和 Xilinx 两家公司的宇航级 FPGA 得到了广泛应用。国内军事和航空航天领域则主要使用的是 Actel 公司生产的反熔丝型 FPGA。尤其是在航天控制领域，反熔丝 FPGA 因其优越的可靠性和空间抗单粒子能力占据了绝对优势。

## 2.1 FPGA 基础技术介绍

### 2.1.1 FPGA 编程技术

主流 FPGA 产品编程技术包括反熔丝（Antifuse）编程技术、SRAM 编程技术、EEPROM（Electrically Erasable Programmbale Read Only Memory）编程技术和 EPROM（Erasable Programmbale Read Only Memory）编程技术和 FLASH 编程技术。

#### 2.1.1.1 反熔丝编程技术

反熔丝编程技术是由一个结构类似于三明治的双端器件来实现的，该双端器件由导电层-绝缘层-导电层三层组成。未编程时，绝缘层将两导电层隔离，反熔丝器件相当于一个大电容，处于高阻状态，电阻值大于 100 MΩ；当在两个导电层上施加足够高的编程电压时，绝缘层被击穿，上下两导电层之间形成导电通道，反熔丝器件由原先的高阻状态转变为低阻状态，平均电阻小于 100 Ω；形成导电通道的过程被称为"编程"或者"烧录"；反熔丝结构示意图如图 2-1 所示[1]。

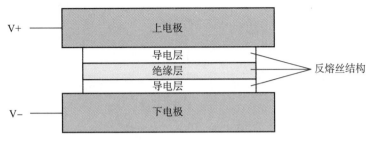

图 2-1 反熔丝结构示意图

反熔丝编程技术的优点非常明显：

1）非易失性。反熔丝编程成功后，内部存储单元的数据可以永久保存，不受上下电影响。

2）抗辐射性。由于反熔丝的编程过程在物理上是不可逆的，因此反熔丝具有抗单粒子效应能力，非常适合应用于空间飞行器、战略武器等领域。

3）高保密性。反熔丝单元编程前后发生的变化是极其微小的，一般在几十纳米至几百纳米范围内[2]，而器件内部的反熔丝个数多达上百万个，因此逆设计几乎是不可能的。

4）因反熔丝器件特有的工艺特点使其具有体积小、功耗低、传输延时小的优点。

反熔丝编程技术的缺点是，只具有一次可编程（One Time Programmable，OTP）能力，只适用于软件功能明确的设计。

### 2.1.1.2　SRAM 编程技术

SRAM 编程技术主要通过多路选择器、传输管、导通管来完成，它们由存储在 SRAM 单元中的信息控制[3]。Altera 和 Xilinx 公司的 FPGA 产品均采用了 SRAM 编程技术。图 2 - 2 所示为 Xilinx 公司一种典型的 SRAM 存储单元，它由两个首尾相连的反相器和一个 MOS 管组成。配置数据写入时，MOS 管导通，写入配置数据[4]。在工作状态下，MOS 管处于截止状态，配置单元的数据从输出端输出。图 2 - 3 所示为基于 SRAM 的三种可编程开关：控制传输管开关的控制信号、多路选择器的选择信号、三态缓冲器的控制信号。

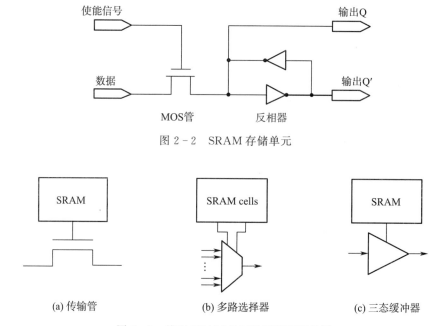

图 2 - 2　SRAM 存储单元

(a) 传输管　　　　　　　(b) 多路选择器　　　　　　　(c) 三态缓冲器

图 2 - 3　基于 SRAM 的三种可编程开关[5]

SRAM 编程技术的优点有以下两点：

1）使用标准 CMOS 工艺，现在已经发展到 5 nm 工艺量产阶段，可以随着 CMOS 工艺的发展集成更多的晶体管，实现更高的性能。

2）可重复编程，可以随时通过 JTAG 模式对编程信息重载。

SRAM 也有明显的缺点：

1）具有易失性。基于 SRAM 的 FPGA 在上电时需要重新进行配置，为了保持配置信息，需要外接专用存储芯片（如 EEPROM、PROM 等），上电时，由存储芯片将配置信息装载入 FPGA，FPGA 才可以工作。

2）芯片面积过大。一个 SRAM 存储单元由 5 或 6 个晶体管构成，而 FPGA 中需要的 SRAM 配置单元又数量众多，这就需要较大的芯片面积。

3）抗辐照能力差。在空间辐射环境下，SRAM 的存储值容易发生翻转，即单粒子翻转（Single Event Upset，SEU）现象[6]，造成 FPGA 功能混乱或者失效。

4）启动功耗较大。一般启动时需要几百毫安的启动电流。

### 2.1.1.3  EPROM/EEPROM/FLASH 编程技术

EPROM/EEPROM 和 FLASH 存储单元都属于浮栅器件，EPROM 编程技术可通过紫外线来擦除内部编程信息，EEPROM 编程技术可通过电擦除内部编程信息，FLASH 编程技术则是 EPROM 的改进版，可以快速通过电擦除内部编程信息。

EPROM 存储单元通常采用悬浮栅结构，如图 2-4 所示，它由源、漏极以及两层多晶硅构成。上层多晶硅为控制栅，下层多晶硅埋入 $SiO_2$ 介质层内，与外部没有任何电学连接点，处于浮空状态，因此称为"浮栅"。两层多晶硅之间是栅级氧化层，氧化层厚度约为 325 Å[7]。未编程时，没有给浮栅充电，MOS 管处于截止状态；当在控制栅上加高正电压，漏极施加低正电压，源极接地时，源、漏极之间形成一个大电势差，利用热电子在栅电场作用下的注入效应，电子通过氧化层对浮栅进行充电（写入），由于浮栅被氧化层包围，存入其中的电荷不具备穿透硅氧化膜的能力，因此掉电后数据仍能保存。擦除时，只需要将 EPROM 存储单元进行紫外线照射，存储在浮栅上的电子被紫外光激活，变成具有穿透硅氧化膜能量的热电子，向衬底放电，形成一个未编程的空芯片（擦除）。

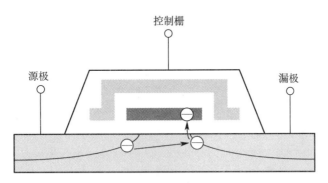

图 2-4  EPROM 结构示意图[3]

EEPROM 工艺与 EPROM 工艺类似，也使用浮栅结构，与 EPROM 工艺相比，氧化层厚度减小较多，其厚度可以达到 100 Å 甚至更小[7]。当对控制栅与漏极之间施加编程电压时，电子通过隧道氧化层流到浮栅[7]。这个过程是可逆的，通过施加反向编程电压就可以擦除浮栅上的电荷。相较于 EPROM 工艺，EEPROM 工艺擦除时间较短。

FLASH 存储单元结构与 EPROM 相似，也采用了一层很薄的氧化层，氧化层厚度在

$100 \sim 120$ Å[7]，它的编程方式与普通 EPROM 相同，擦除方式与 EPROM 有所不同。在进行擦除操作时需要在源极与控制栅之间施加高电压，浮栅中的电子穿越氧化层放电至源极。

EPROM/EEPROM/FLASH 编程技术集成了反熔丝编程技术与 SRAM 编程技术的优点：

1）非易失性。编程成功后，配置数据成为 FPGA 结构的一个固有部分，系统上电时不需要通过配置芯片进行重载，因此不需要额外的片外配置芯片。

2）可以重复编程。通过紫外线、电等方式可以将芯片内部的存储信息清除掉。

3）功耗低。相比 SRAM 型编程技术，FLASH 编程技术上电不需要一个很大的启动电流，且掉电非易失，不需要配置过程，因此没有上电功耗和配置功耗。

EPROM/EEPROM/FLASH 编程技术亦存在着极大的工艺挑战，EPROM/EEPROM 编程技术逐渐被 FLASH 编程技术替代。

## 2.1.2 FPGA 逻辑单元

FPGA 的结构通常包含三个部分：可编程逻辑单元、可编程 I/O 模块、可编程布线资源，如图 2-5 所示，以 Xilinx 的 FPGA 器件为例，可编程逻辑单元按照阵列排布，周围被水平布线通道和垂直布线通道包围，四周的管脚上分布了 I/O 模块。

可编程逻辑单元（Programmable Logic Block，PLB）是 FPGA 实现逻辑功能的最基本单元，也是 FPGA 实现逻辑功能的核心。通过可编程布线资源将数以万计的可编程逻辑单元连接起来，就可实现不同的逻辑功能。对 PLB 的选取和分配，将直接关系到 FPGA 电路最终实现的性能结果。FPGA 中的可编程逻辑单元主要有基于查找表（Look Up Table，LUT）的可编程逻辑单元和基于多路选择器（Multiplexer，MUX）的可编程逻辑单元两种。

（1）基于查找表的可编程逻辑单元

基于查找表的可编程逻辑单元最早是由 Xilinx 公司提出的，并且广泛地应用在 Xilinx 公司的 Spartan、Virtex 等系列 FPGA 中，Altera 公司的 Apex、Stratix 等系列 FPGA 也是应用的基于查找表的可编程逻辑单元。

通常，查找表可以看作是一个按地址寻址的 SRAM，输入端对应于 SRAM 的地址端，输出端对应于 SRAM 的输出信号，将输入的数据作为查找表的地址信号，查找出该地址内预先定义好的逻辑结果，再将逻辑结果通过输出端输出[8]。

一个 $k$ 输入的查找表由 $2^k$ 个 SRAM 存储单元来实现，它能够实现任意 $k$ 输入的逻辑功能。根据组合逻辑真值表可知，$k$ 个输入最多有 $2^k$ 个逻辑结果，将 $2^k$ 个逻辑结果按地址存储在 SRAM 存储单元中，输入数据作为 SRAM 的地址线被译码后用来决定从哪一个 SRAM 地址读出信号输出。

图 2-6 给出了一个 3 输入 LUT 的例子。$a$、$b$、$c$ 是 LUT 的 3 个输入信号，相当于 SRAM 的 3 位地址信号，通过对 $a$、$b$、$c$ 寻址即可得到输出信号。

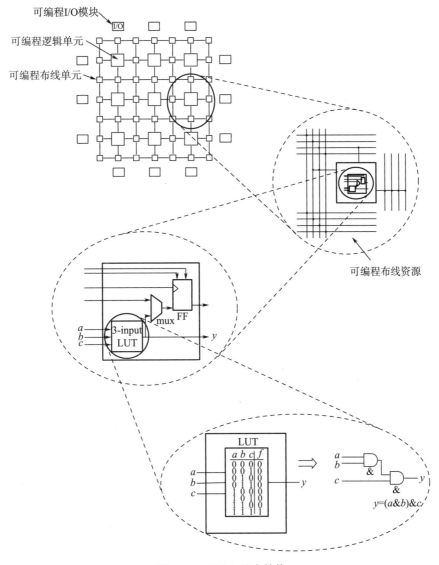

图 2-5　FPGA 基本结构

查找表结构是一种非常规则的结构，可以通过算法很好地实现，且工艺映射比较简单，只需要考虑输入输出端的要求。基于查找表的可编程逻辑单元很适合作为可编程逻辑器件的基本单元[9]。但是查找表结构受限于输入端的数量，每增加一个输入端，查找表的规模将会指数级增加，这是该结构最主要的缺点。

（2）基于多路选择器的可编程逻辑单元

Microsemi 公司的反熔丝 FPGA 产品采用基于多路选择器的可编程逻辑单元。这类逻辑单元本身并不进行编程，而是通过利用多路选择器的特性，对输入和选择信号进行配置，接到固定的电平（电源线 VCC，地线 GND）或者输入信号上，来实现不同的逻辑功能。

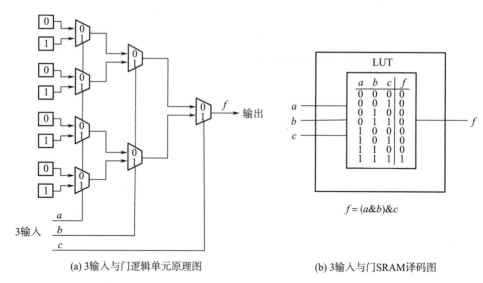

(a) 3输入与门逻辑单元原理图　　　　　　　　　(b) 3输入与门SRAM译码图

图 2-6　3 输入 LUT 实现 3 输入与门[9]

最基本的基于多路选择器的逻辑单元是 2 选 1 的逻辑单元，如图 2-7 所示。该逻辑单元有 2 个输入信号 $x$ 和 $y$，1 个输入选择信号 $s$，1 个输出信号 $z$，该逻辑单元的输出函数是 $z = \bar{s}x + sy$。

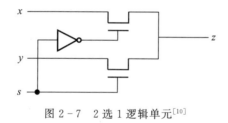

图 2-7　2 选 1 逻辑单元[10]

Microsemi 公司的系列反熔丝 FPGA 就是典型的多路选择器型的 FPGA。以 ACT 系列 FPGA 芯片中的 ACT-1 型号为例，ACT-1 的逻辑单元包含了 8 个输入端和 1 个输出端，由 3 个 2 输入多路选择器和 1 个或门组成[10]，如图 2-8 所示。该单元可以实现的函数为

$$F = (\overline{s_0 + s_1})(\overline{s_a}a_0 + s_a a_1) + (s_0 + s_1)(\overline{s_b}b_0 + s_b b_1) \tag{2-1}$$

基于多路选择器的可编程逻辑单元的优点是少量的晶体管可以实现相对复杂的逻辑功能，但这种逻辑单元结构输入端口数较多，因此需要消耗更多的布线资源来对输入端口进行配置，但是由于反熔丝编程结构占用的面积要比 SRAM 编程结构小很多，因此基于多路选择器的逻辑模块更适合于反熔丝 FPGA，可以实现较好的面积和速度性能。

### 2.1.3　FPGA 布线架构

FPGA 的布线架构是由可编程开关和连接逻辑单元的互连线资源所构成的，是 FPGA 实现逻辑功能的又一个核心。布线架构是否合理直接影响整个 FPGA 的面积利用率、连线

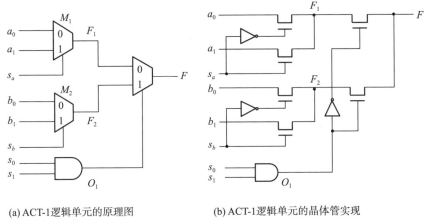

(a) ACT-1逻辑单元的原理图　　　　　　(b) ACT-1逻辑单元的晶体管实现

图 2 - 8　ACT - 1 的逻辑单元[10]

布通率、速度等性能指标。FPGA 基本布线架构通常可以分为以下三类：对称阵列架构（symmetrical array）、行架构（row - based）和层次化架构（hierarchical）。

（1）对称阵列架构

Xilinx 公司 Virtex 系列芯片的基本架构采用的是对称阵列架构，它的可编程逻辑单元被水平布线通道和垂直布线通道所包围，逻辑单元似沉浸在横向和纵向均匀分布的资源"海洋"中的逻辑"岛"，因此该结构也被称为岛型（island - style）FPGA，如图 2 - 9 所示。逻辑单元按照二维阵列排布，每个逻辑单元在上下左右四个方向都有输入/输出端口，配置连接盒（connection box）中的可编程开关（Programmable Interconnect Point，PIP），将输入/输出端口连接到横向布线通道和纵向布线通道。横向布线通道和纵向布线通道中都包含不同长度组合的互连线段，这些互连线段通过开关盒（switch box）进行连接。开关盒中包含大量的可编程开关，可以将一个方向上的互连线段连接至其他三个方向上去。

基于查找表的 FPGA 由于逻辑单元输入/输出端口较少，开关密度不高，因此更多地使用了工艺难度不高的对称阵列架构。

（2）行架构

Microsemi 公司 ACT 系列反熔丝 FPGA 芯片采用的是行架构。如图 2 - 10 所示，逻辑单元按照行的形式排布，行与行之间是水平布线通道，水平布线通道中包含不同长度的互连线资源。垂直方向上也有若干互连线段，但是这些垂直互连线段是穿过逻辑单元与水平互连线段相交，并没有专用的布线通道，垂直互连线资源与水平方向的互连线资源相比数目要少得多。水平互连线段和垂直互连线段可以通过交叉开关实现连接。

基于多路选择器型的 FPGA 逻辑单元输入/输出端口较多，需要水平和垂直方向上的开关较多，密度极大，且反熔丝编程技术本身需要的面积极小，因此反熔丝 FPGA 大多使用了行架构。

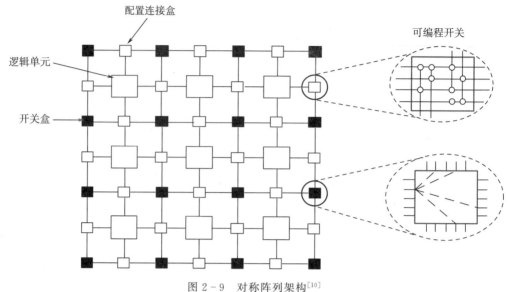

图 2－9　对称阵列架构[10]

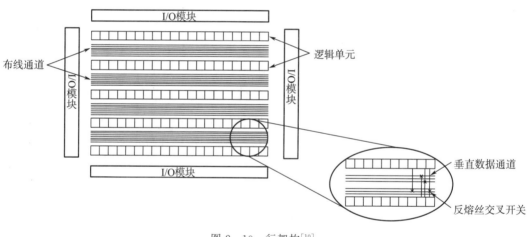

图 2－10　行架构[10]

（3）层次化架构

层次化架构的 FPGA 与复杂可编程逻辑器件（Complex Programmable Logic Device，CPLD）相类似，是对称阵列架构的改进型，通过在基本布线结构中再增加局部互连的方式将整个布线分为若干层次。如图 2－11 所示，最底层将布线线段与逻辑单元直接相连，再通过局部层将底层互连，最后逐层连接直至顶层，实现整体的布线互连，顶层的数据吞吐能力最大。

层次化布线增加了电路时序设计的难度，尤其是在大规模时序电路中，因此，层次化架构并没有得到广泛应用。

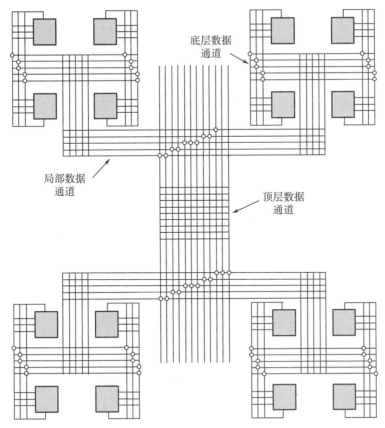

图 2 - 11　层次化架构[10]

## 2.2　反熔丝 FPGA 的结构

反熔丝 FPGA 无须外置配置芯片存储程序，烧写程序为一次性操作，不可多次烧写，且具有掉电数据不丢失、功耗低、不易受空间粒子影响等特点。这些优点均得益于反熔丝 FPGA 的结构特点。

### 2.2.1　整体架构

反熔丝 FPGA 的整体架构如图 2 - 12 所示[11]，主要由可编程逻辑阵列、布线通道和外围电路模块三部分组成。可编程逻辑阵列与传统的门阵列相似，将逻辑单元按行列排成矩阵，行间则由布线通道相互隔离，布线通道彼此互连；外围电路模块则由 I/O 模块电路、编程电路、寻址、测试及检测电路等组成，可由用户灵活配置以满足客户需求。

### 2.2.2　布线通道及互连线资源

反熔丝 FPGA 内部包含若干条布线通道，各通道间通过若干水平或垂直导通线段相连。可编程逻辑单元和外围电路可通过布线通道和通道间的导通线段利用反熔丝开关相互

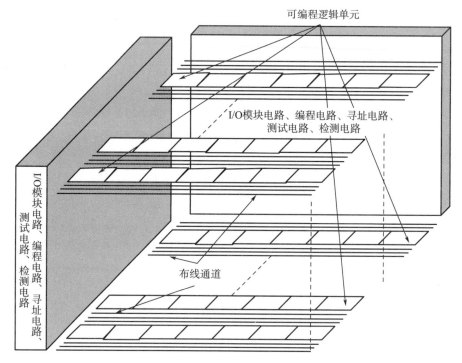

图 2-12　反熔丝 FPGA 的整体架构

导通连接。由于反熔丝 FPGA 结构的原因，水平方向的布线导通线段数量要多于垂直方向[12]。编程系统可根据用户需求实现不同位置的可编程逻辑单元和外围电路之间的导通。但导通通路越长，通路间的延时则会越长。

反熔丝 FPGA 布线通道及信号连接方式如图 2-13 所示，可编程逻辑单元 1～4 之间互不相邻，分布在不同的可编程逻辑单元行阵列中。逻辑单元 3 的输出端可分别通过 1 条布线通道和 2 条导通线段输出至逻辑单元 1、逻辑单元 2 和逻辑单元 4。实现了反熔丝 FPGA 内部不相邻可编程逻辑单元的相互导通连接[5]。

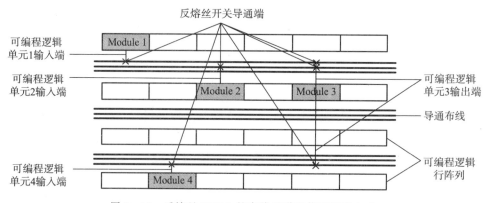

图 2-13　反熔丝 FPGA 的布线通道及信号连接方式

### 2.2.3　可编程逻辑单元

可编程逻辑单元是实现反熔丝 FPGA 逻辑功能的基础，主要有组合逻辑单元（C-Cell）和寄存器单元（R-Cell）两类。组合逻辑单元的核心是多路选择器。寄存器单元在组合逻辑单元的基础上增加了带异步复位的触发器和时钟信号。根据不同的组合输入方式，一个可编程逻辑单元可实现多种不同的逻辑功能。通过反熔丝编程的方式搭建组合逻辑单元和寄存器单元架构，进而可以实现用户设计的逻辑功能。

（1）组合逻辑单元

以 Actel 公司的 SX-A 系列反熔丝 FPGA 芯片为例，其组合逻辑单元电路如图 2-14 所示。

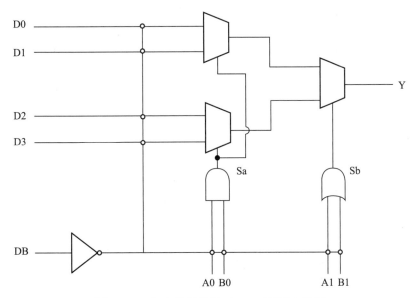

图 2-14　组合逻辑单元（C-Cell）[13] 电路图

SX-A 系列反熔丝 FPGA 的组合逻辑单元包含两级 2 选 1 选择器，同时配合与门、或门、非门实现覆盖多输入的组合逻辑单元。两级 2 选 1 选择器包含 D0、D1、D2、D3 四路输入端口，逻辑门电路同样包含 A0、B0、A1、B1、DB 五路输入端口[14]。SX-A 系列的组合逻辑单元可实现 4 000 种不同的组合功能。

（2）寄存器单元

Actel 公司提供的 SX-A 系列反熔丝 FPGA 芯片寄存器单元电路如图 2-15 所示。

寄存器单元由组合单元和时序单元组成。时序单元将输入信号通过两级锁存并按照时钟和复位的组合逻辑输出，可按照上升或下降沿锁存并输出。

### 2.2.4　I/O 模块

反熔丝型 FPGA 可通过反熔丝编程的方式灵活配置 I/O 电路的输入/输出方向，42MX 系列反熔丝型 FPGA 的 I/O 端口模块功能框图如图 2-16 所示[15]。

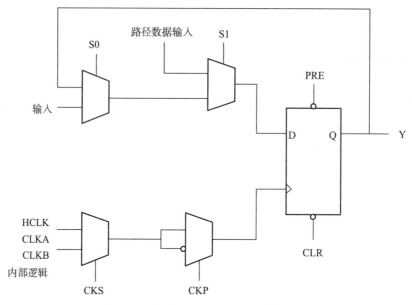

图 2 - 15　寄存器单元（R - Cell)[13]电路图

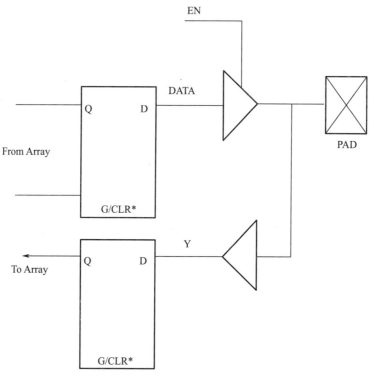

图 2 - 16　I/O 端口模块功能框图[15]

　　所有 42MX 系列 FPGA 都包含灵活的 I/O 结构，并且支持 5.0 V 和 3.3 V 两种电平。其中每个输出引脚都具有专用的输出使能控制信号。I/O 模块提供了可以快速设置的输入、输出或者双向锁存数据模式[15]。模式配置真值表见表 2 - 1[16]。

表 2 - 1　I/O 模块模式配置真值表

| I/O 模式 | 使能（EN） | PAD | Y |
|---|---|---|---|
| OUTPUT | 1 | DATA | DATA |
| INPUT | 0 | 1 | 1 |
|  | 0 | 0 | 0 |
| TRISTATE | 0 | Z | X |

### 2.2.5　时钟网络

时钟信号作为输入信号，处理方式与其他输入信号无差别，可连接到普通 I/O 端口，但对高频时钟，时序要求严格且时钟连接分布较多的情况下，时钟信号连接普通 I/O 端口时可能会出现时钟偏移较大的情况。时钟模块是实现 FPGA 设计的重要组成部分，反熔丝 FPGA 对时钟模块做了针对性设计，通常包含硬线时钟、可配置全局时钟（CLKA，CLKB）和可配置局部时钟（QCLK）三种时钟网络，可避免时钟信号大量发生偏移，且能够提供高驱动的时钟信号[17]。

硬线时钟通常作为全局时钟接入端，可直接接入芯片内部高速时钟网并下发至逻辑单元中，为逻辑单元提供了最小延时的传输路径。

可配置全局时钟同样可作为全局时钟接入端，时序延时较小，但是相比硬线时钟略大。实际应用中可根据设计需求将扇出较大的内部或外部信号配置到可配置全局时钟信号端，例如复位信号。可配置全局时钟模块结构如图 2 - 17 所示。

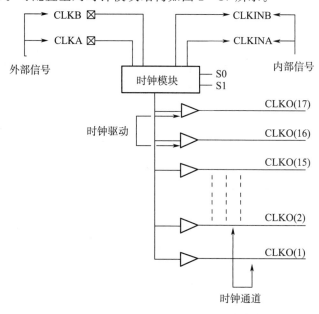

图 2 - 17　可配置全局时钟模块[18]

　　可配置局部时钟区别于全局信号，仅对 FPGA 内部局部区域信号有提高时序的效果，具有一定的局限性。可配置局部时钟模块结构如图 2-18 所示。

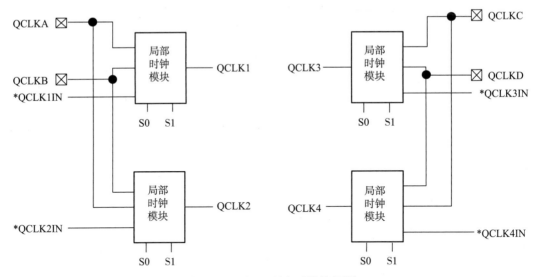

图 2-18　可配置局部时钟模块[18]

　　针对三种时钟网络，反熔丝 FPGA 在每行布线通道中均为时钟信号设置了专用的导通布线通道及单独的 buffer 驱动，通过反熔丝编程技术使时钟信号以最快的传输路径连接到相应的逻辑单元，减小时钟偏移，为全局或局部提供时钟网络，提高整体时序设计。时钟分布网络如图 2-19 所示。

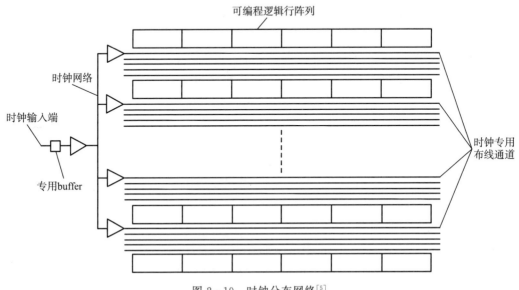

图 2-19　时钟分布网络[5]

## 2.3　反熔丝 FPGA 编程技术

### 2.3.1　反熔丝器件

反熔丝 FPGA 编程是将布线通道通过导通线段连接可编程逻辑单元来实现的，布线通道与导通线段则是通过反熔丝开关实现导通。

反熔丝开关结构原理图如图 2 - 20 所示，未编程的反熔丝开关均是断开的。F1、F2、F3、F4 为 4 个反熔丝开关，在未编程时均为断开状态，且数据端被上拉至高电平[1]。在编程阶段则通过脉冲高电压击穿绝缘层，实现导通拉低状态，此过程为物理不可逆变化。具体逻辑关系如下：

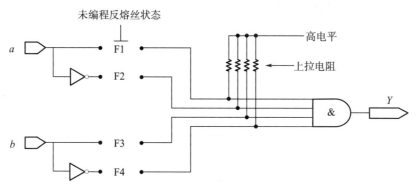

图 2 - 20　反熔丝开关结构原理图[1]

当将 F1 与 F3 导通时，$Y = a \& b$；

当将 F1 与 F4 导通时，$Y = a \& \bar{b}$；

当将 F2 与 F3 导通时，$Y = \bar{a} \& b$；

当将 F2 与 F4 导通时，$Y = \bar{a} \& \bar{b}$。

根据反熔丝导电层和绝缘层材料、结构的不同可以将反熔丝划分成不同的类别，目前最为成熟的反熔丝有 ONO（Oxide - Nitride - Oxide）反熔丝、MTM（Metal - to - Metal）反熔丝[19]。

ONO 型反熔丝 FPGA 采用的是类似三明治嵌套的方式，结构示意图如图 2 - 21 所示。最上面和最下面一层为多晶硅，中间层为 ONO（氧化物-氮化物-氧化物）层[4]。氧化物为二氧化硅导电层，氮化物为氮化硅绝缘层，未编程时的 ONO 层为绝缘状态[20]。反熔丝编程过程利用电压击穿氮化物，将被绝缘层隔离的两层导电层导通，且导通过程不可逆。

MTM 型反熔丝 FPGA 同样采用类似三明治嵌套的方式，结构示意图如图 2 - 22 所示。Metal/a - Si/Metal 作为 MTM 型反熔丝介质层的常见构成方式被广泛应用。最外两层为金属（Metal），中间夹层为非晶硅（a - Si），未编程时为绝缘高阻态。反熔丝编程过程通过加载电压，两金属层形成压降，电流通过时产生热量，使得金属与 MTM 介质形成反应，上下电极导通，且导通过程不可逆。

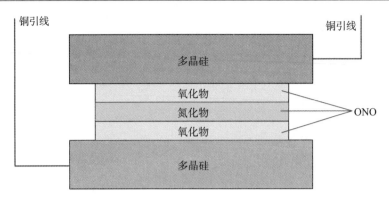

图 2-21　ONO 反熔丝结构示意图[2,5]

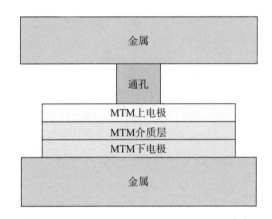

图 2-22　MTM 反熔丝单元结构示意图[16]

上述两种类型反熔丝 FPGA 在现今都具有一定的应用。ONO 型反熔丝制作工艺不能与 COMS 工艺完全兼容，工序相对烦琐，因此 ONO 型市场占有量相对较小。同时 ONO 型编程电压较高，如使用通用编程电压，需在内部增加高压晶体管，不利于 ONO 型缩小体积，不符合当今半导体器件的使用和发展趋势。MTM 型反熔丝 FPGA 相对 ONO 型的单位制作体积较小，便于实现更高集成度的反熔丝芯片。例如，美国 Microsemi 公司基于 0.15 μm CMOS 工艺开发的 RTAX 系列 MTM 反熔丝 FPGA 产品，可编程逻辑单元可达两千九百万门。

### 2.3.2　反熔丝编程电压

反熔丝编程过程通过对反熔丝开关外侧导电层施加一定的电压，击穿中间非导电层使上下导通。由于各类型反熔丝的材质及制作工艺有所不同，因此它们的击穿电压也各不相同。以 ONO 型反熔丝为例，编程击穿电压一般在 15 V 以上。ONO 型反熔丝编程过程如图 2-23 所示，图（a）为未编程时的绝缘状态，当开始添加 15 V 的电压脉冲时，如图（b）所示氧化层开始出现熔融状态，绝缘氮化层逐渐出现击穿现象，随着加压时间增长，如图（c）所示的绝缘层的击穿面积在逐渐增大，反熔丝电阻减小，直至完全导通[21]。

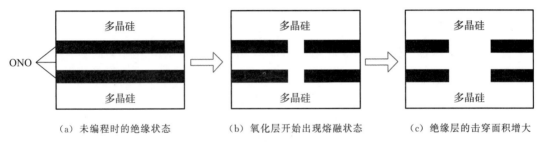

　　（a）未编程时的绝缘状态　　　　　（b）氧化层开始出现熔融状态　　　　（c）绝缘层的击穿面积增大

图 2-23　多晶—扩散反熔丝编程过程示意图[21]

　　ONO 型反熔丝编程过程的电压-电流（$I$-$U$）曲线如图 2-24 所示。加压小于 7.5 V 时，反熔丝结构为非导通状态。当加压到接近 15 V 时，反熔丝电阻为高阻态，流过的电流很小。当加压到 15 V 以上时，反熔丝结构被击穿，呈低阻态。编程后反熔丝开关为导通状态，电流随着电压的增大呈线性增大趋势，导通电阻固定[21]。

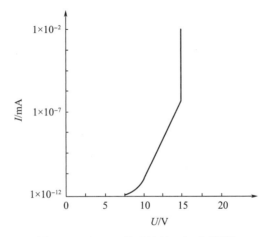

图 2-24　ONO 的反熔丝 $I/U$ 曲线[21]

　　各类反熔丝的编程条件见表 2-2。经时击穿（TDDB）表示在电介质上施加恒定电压，经过一段时间后氧化膜被击穿，该时间就是在该条件下的寿命。

表 2-2　各类反熔丝的编程条件[19]

| 类型 | 电阻/（Ω@5mA） | 击穿电压/V | 漏电流/（pA/μm²） | TDDB/s@5.5 V |
|---|---|---|---|---|
| N+/ONO/多晶 | 500 | 14 | 0.01 | $1 \times 10^{19}$ |
| 多晶/NO/多晶 | 500 | 11 | 0.1 | $1 \times 10^{12}$ |
| 金属/ONO/金属 | 65 | 11 | 1 | $1 \times 10^{10}$ |
| 金属/a 硅/金属 | 180 | 13 | 100 | 没有 TDDB |
| 金属/N/金属 | 40 | 8 | 100 | 30 000 |

### 2.3.3　反熔丝 FPGA 编程技术

芯片内部可编程逻辑单元及其配置电路框架如图 2 - 25 所示。图中为内部简化的 2 * 3 可编程逻辑单元组合阵列，每个逻辑单元的输入输出引脚均通过布线通道和导通线段连接，且布线通道和导通线段各交点组成反熔丝开关节点。布线通道和导通线段均可通过电平转换单元选择输入编程电平（VPP）、低电平（GND）和半编程电平（VHP＝VPP/2）。根据用户需求对预定的反熔丝节点施加指定电压，实现预设功能。

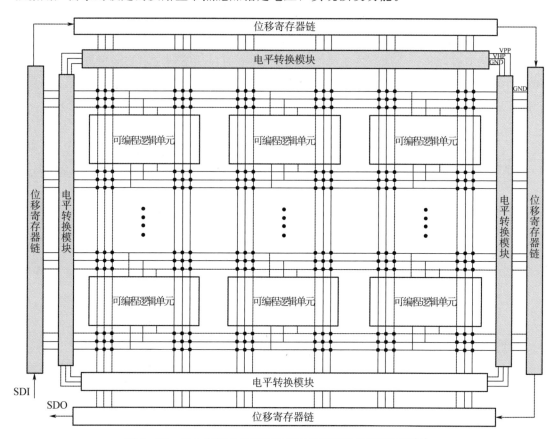

图 2 - 25　芯片内部可编程逻辑单元及其配置电路框架图[22]

配置编程节点时对需要编程的反熔丝节点施加编程电压 VPP，反熔丝开关导通。对不需要编程的反熔丝开关预加半编程电压 VHP，无法达到击穿压降，对应反熔丝开关不会导通[19]。图 2 - 26 所示为反熔丝开关编程电压，假设对第一行第一列反熔丝开关进行编程，需要对该点施加编程电压 VPP，不需要编程的节点预加半编程电压 VHP。

### 2.3.4　比特位流文件介绍

FPGA 代码完成综合、布局布线后，EDA 工具通过加密的二进制压缩算法将布局布线后的网表结果转换成 AFM 比特位流文件。AFM 比特位流文件包含了校验码、布局布线信息等内容，用于烧写设备识别编程信息[23]。反熔丝 FPGA 的安全性远高于其他类型

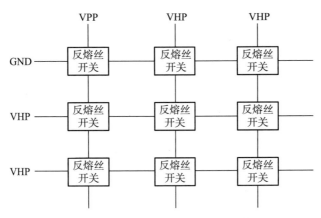

图 2-26  反熔丝开关编程电压[22]

FPGA，因为从 AFM 比特位流文件中无法逆向得知原始程序信息。在航天领域使用反熔丝 FPGA 可以有效阻止因比特位流文件遗失而产生的技术泄密事件，进而提高了宇航核心科技的安全性。

编程过程中，AFM 比特位流文件通过编程和测试模块的数字分量串行接口（SDI 和 SDO）实现编程和测试。编程和测试模块实质是由带锁存器的位移寄存器组合而成的。带锁存器的位移寄存器基本结构示意图如图 2-27 所示，该寄存器由 D 触发器、锁存器、电平转换模块和门电路组成。当需要编程时，外部信号通过 D 端输入寄存器，在时钟沿下从 Q 端进入锁存器，再通过电平转换模块输出至芯片内部实现编程输入过程。需要回读内部信号时，将信号引入 D̄ 端，关闭锁存器，使信号不会回流至芯片内部。这种回读通常用于测试过程中。

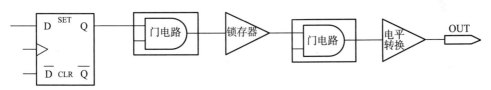

图 2-27  带锁存器的位移寄存器基本结构示意图[24]

多个位移寄存器组成位移寄存器链。四阶位移寄存器链基本结构如图 2-28 所示。从 SDI 端输入"1110"位移信息时，位移寄存器 1 为高电平，寄存器 2、3 分别打开两个 NMOS 管，在 4 个时钟沿的作用下最终实现将 A 点高电平传至 B 点。此时当对寄存器 4 进行回读时，SDO 输出为"1"。通过位移寄存器链回读功能可以有效判断 B 点所加载的数据，且不占用其他接口资源。可见位移寄存器链越长，可选择的输入比特位流越多，控制所需的比特位流数越多[24]。

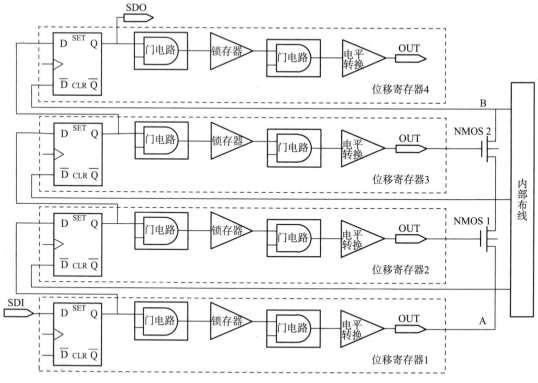

图 2 - 28　四阶位移寄存器链基本结构图[24]

## 2.4　FPGA 器件抗辐照情况

### 2.4.1　空间辐射环境概述

空间环境是指大气层以外的宇宙空间，其中有各种天体以及充斥其间的弥漫物质。空间环境中各种粒子、射线的辐射效应对人体、材料、元器件都有破坏作用，表 2 - 3 是我国早期地球同步轨道卫星故障统计情况。从表中可知空间环境影响是引起航天器在轨故障的主要因素。

表 2 - 3　我国早期地球同步轨道卫星故障统计情况[25]

| 故障原因 | 故障次数 | 百分比（%） |
| --- | --- | --- |
| 设计与工艺原因 | 5 | 16.7 |
| 空间环境影响 | 12 | 40.0 |
| 元器件质量 | 5 | 16.7 |
| 其他未确定因素 | 8 | 26.6 |
| 总计 | 30 | 100 |

空间辐射环境根据辐射来源不同分为三大类：第一类是被地球磁场捕获的带电粒子。聚集在地球周围的空间中形成了地球辐射带，也称为范·艾伦辐射带，带内含有大量的高

能质子和电子；第二类是太阳宇宙射线，太阳耀斑爆发时会喷发出大量高能粒子，主要为高能质子以及少量的 α 粒子和重离子；第三类是银河宇宙射线，主要是太阳系之外的带电粒子流，为高能质子以及少量的 α 粒子和重离子[25]。

### 2. 4. 2　电离辐射效应

当微电子器件处于空间辐射环境时，带电粒子与器件内的硅原子相互作用会引起原子中电子的激发和电离，产生电离辐射效应。空间辐射导致的电离辐射效应一般分为两类：第一类是单粒子效应（Single Event Effects，SEEs），主要是由带电质子、离子、宇宙射线等引起；第二类是总剂量效应（Totle Ionizing Dose，TID），主要是由带电质子、电子引起。

（1）单粒子效应

单粒子效应是指单个具有较高能量的粒子注入半导体器件中产生的一系列效应。当单个空间高能粒子击中逻辑型微电子时，粒子会沿着其入射的轨迹，在芯片的 PN 结附近产生电离效应，生成大量的自由电子-空穴对并释放出能量，导致在局部区域产生密集的电离轨迹，造成材料内部原子位移。这些电子-空穴对会引起器件内部逻辑状态的变化、电流电压的扰动甚至器件的烧毁。单粒子效应不仅发生在太空中，在大气层内也有可能发生，波音公司就曾在飞机上检测到单粒子效应。单粒子效应种类有很多，主要有单粒子翻转、单粒子锁定、单粒子烧毁等。

单粒子翻转（Single Event Upset，SEU）是指单个高能粒子注入半导体器件的灵敏区域，导致器件内数字逻辑状态发生翻转的现象。在恶劣的辐射环境下，单粒子翻转会使得器件内电平状态发生跳变，从"0"跳变到"1"或者从"1"跳变到"0"，这将导致系统功能紊乱。由于单粒子翻转造成的一般是逻辑错误，不会对器件造成物理损伤，因此可通过系统复位、重新加电或重新写入等方式恢复到正常状态。存储单元、锁存器、寄存器等都是容易发生单粒子翻转的逻辑单元[26]。

单粒子锁定（Single Event Latchup，SEL）是指单个高能粒子注入 PNPN 结构（PNPN 的 4 层结构内含 3 个 PN 结）的半导体器件内产生大的瞬态电流导致器件功能损坏的现象。PNPN 结构会形成寄生晶体管。正常情况下，寄生晶体管处于高阻关断状态。当有高能粒子入射后会形成触发信号让寄生晶体管导通，而寄生晶体管的正反馈特性会使得电流不断增大，最终出现了信号锁定现象。当 CMOS 器件出现单粒子锁定时，通常可以通过增加限流电阻、器件上下电等方式来解决，即迅速关断输入端电源，在锁定现象消失后再恢复器件供电。CMOS 器件比较容易发生单粒子锁定。

单粒子烧毁（Single Event Burnout，SEB）是指单粒子入射功率器件引起器件二次击穿，导致电流过大引起的器件过热烧毁现象。功率器件中有大量的寄生双极结型晶体管，当高能粒子入射功率器件时会产生较高的瞬态电流，将敏感的寄生双极结型晶体管导通，由于寄生电路具有正反馈特性，使得电流不断增大，直至晶体管二次击穿源漏极短路，单粒子烧毁造成的影响是永久的、不可恢复的。功率 MOS 器件、功率双极器件都是容易发生单粒子烧毁的器件[26]。

单粒子效应通过线性能量转移（LET）来计量，单位是 MeV·cm²/mg，LET 描述的是粒子穿过材料时每单位径迹长度的能量损失，由每单位径迹的能量损耗（MeV/cm）除以靶材密度（mg/cm³）而得[27]。

（2）总剂量效应

高能 γ 射线或者高能粒子辐射集成电路，会使得 MOS 器件的氧化层中发生电离产生电子-空穴对，电子-空穴对分离后，空穴在氧化层中被俘获形成氧化物陷阱电荷，电子在氧化层与半导体材料界面被俘获形成界面陷阱电荷，这两种电荷使器件性能变化，电荷积累量足够大时甚至会导致器件失效[28]。

带电粒子所带电荷的能量用拉德（rad）来计量，1 rad＝$10^{-2}$J·kg$^{-1}$，表示每 1 克物质吸收 100 erg（尔格）辐射能量时的剂量。Gy（戈瑞）也是常用的计量单位，1 Gy＝100 rad。

### 2.4.3 反熔丝 FPGA 的抗辐照指标实例

反熔丝 FPGA 由于其高可靠性一直深受国内航天型号的青睐。但是 Actel 公司通常并不提供非抗辐照加固系列器件的官方抗辐照指标，因此在使用非抗辐照加固系列反熔丝 FPGA 时，需要对其抗辐照能力进行测试。本节以 A54SX－A 系列 FPGA 为例描述器件的抗辐照情况。

（1）FPGA 的总剂量指标

2002 年，美国的布鲁克海文国家实验室（BNL）对 0.22 $\mu$m 的 SX－A 系列反熔丝 FPGA 进行了总剂量测试。实验结果显示在 30 krad（Si）之前，A54SX－A 系列 FPGA 芯片的内核电流没有发生变化；30 krad（Si）之后，芯片的内核电流逐渐开始增加；66 krad（Si）之后，芯片的内核电流开始快速增加，甚至有的被测芯片还发生了功能失效。SX－A 系列 FPGA 的 TID 指标约为 30 krad（Si）[29]。

（2）FPGA 的单粒子锁定阈值

BNL 对 0.22 $\mu$m 的 SX－A 系列反熔丝 FPGA 进行了单粒子效应的测试。在测试中选用 $^{35}$Cl、$^{81}$Br、$^{127}$I 等离子，从 0°、30°、45°、60° 等角度对器件进行照射。测试中最大的 LET 值为 74.7 MeV·cm²/mg，在这种测试条件下被测 FPGA 均未发生单粒子锁定，但在测试过程中多次观测到 FPGA 的 JTAG 发生单粒子翻转[29]。

从实验结果看，SX－A 系列 FPGA 有较高的 SEL 阈值，以上测试结果跟产品的批次有关，测试结果仅供参考。

## 2.5 典型设计实例

以 Microsemi 公司生产的 SX－A 系列反熔丝 FPGA（A54SX72A－2－CQ208B）为例，对常规反熔丝 FPGA 配置设计进行介绍。

A54SX72A - CQ208B 的配置引脚包括全局时钟 HCLK，CLKA/B，分区时钟 QCLKA/B/C/D，JTAG 接口配置引脚 TCK/TDI/TDO/TMS，边界扫描复位引脚 TRST，常规 I/O 引脚，内核电源 VCCA，I/O 供电 VCCI，接地端引脚 GND，非连接端引脚 NC。

（1）电源接口配置

VCCA 作为内核电源可允许输入范围为 2.25～2.75 V。VCCI 作为 I/O 电源比内核电源 VCCA 的输入允许范围大，VCCI 可允许输入范围为 2.25～2.75 V、3.0～3.6 V 和 4.75～5.25 V。在每个 VCCA 与 VCCI 旁设置独立的滤波电容，设计师可根据实际电路情况配置[13]。

（2）时钟信号配置

SX - A 系列反熔丝 FPGA 的时钟配置引脚均可允许接入 TTL，LVTTL，LVCMOS2，3.3 V/5 V 的 PCI 电平。HCLK 作为全局时钟独立于其他时钟可连接到 FPGA 内部每一个区域。全局时钟信号作为 FPGA 时序性能的重要信号，通常建议将时钟接在全局时钟 HCLK 上。该引脚不使用时需要对其进行置高/低且配置上拉/下拉电阻，不建议悬空设置[13]。

CLKA/B 引脚需要提前缓冲，相对 HCLK 具有时序延迟，当设计需要多时钟输入的时候，亦可作多时钟输入端口。CLKA/B 也可作为 I/O 引脚配置。芯片通常默认该引脚为 I/O 引脚，如需将它作为时钟功能，则需要人为或者工具配置为时钟脚。该引脚不使用时需要对其进行置高/低且配置上拉/下拉电阻，不建议悬空设置[13]。

区域时钟 QCLKA/B/C/D 分别对应 FPGA 中 bottom - left/bottom - right/top - left/top - right 四个区域的时钟，当设计需要区域多时钟输入的时候，亦可作多时钟输入端口。QCLKA/B/C/D 也可作为 I/O 引脚配置，与 CLKA/B 处理方式一样，芯片通常默认该引脚为 I/O 引脚，如需将它作为时钟功能，则需要人为或者工具配置为时钟脚。该引脚不使用时需要对其进行置高/低且配置上拉/下拉电阻，不建议悬空设置[13]。

（3）复位接口配置

由于反熔丝 FPGA 芯片上电后内部的寄存器、计数器等资源处于不定态，因此要求在设计上必须进行上电复位处理，复位电路可以通过外接一个 RC 电路或者其他外设输出的复位信号来实现。复位引脚可连接到任意 I/O 端口，当连接到全局时钟 HCLK 时，可认为是全局复位最为快速的配置端口[13]。

（4）JTAG 接口配置

SX - A 系列反熔丝 FPGA 内部 JTAG 引脚共有 5 个：TRST、TMS、TCK、TDI、TDO。其中除了 TMS 引脚是专用引脚外，其他引脚均能作为 I/O 端复用。

TMS 引脚是模式选择端口，TCK 引脚是 JTAG 模式的时钟引脚。当 TMS 引脚为低电平，TCK 引脚出现上升沿时，FPGA 芯片由正常工作模式进入 JTAG 模式。当 TMS 引脚为高电平且维持 5 个 TCK 时钟周期时，FPGA 芯片由 JTAG 模式进入正常工作模式。

在 JTAG 模式下，TRST 引脚是该模式的异步复位引脚，TRST 引脚为低电平时，JTAG 模式进入 Test‐Logic‐Reset 状态，即 JTAG 模式的复位状态；TDI 引脚是 JTAG 模式的输入脚，TDO 引脚是输出脚。

SX‐A 系列反熔丝 FPGA 芯片的 JTAG 模式通常用于芯片器件的烧写和测试，编程成功之后 FPGA 芯片在使用过程中通常不会使用 JTAG 模式，因此在早期硬件设计时需对上述 5 个 JTAG 引脚进行可靠性设计，防止因单粒子效应导致从正常工作模式翻转至 JTAG 模式。

1）TMS 引脚应通过外部电阻（推荐 10 kΩ）进行上拉。

2）TRST、TCK、TDI、TDO 虽然可以作为 I/O 功能使用，但如果普通 I/O 引脚充裕的情况下，不建议将上述 4 个引脚作为 I/O 引脚使用。

3）TRST 引脚不使用时的状态为三态输出，建议下拉接地。

4）TCK、TDI、TDO 引脚不使用时的状态为三态输出，建议下拉接地。

在探针功能中，TRST 引脚作为复位引脚，低电平时不触发探针功能，在高电平时配合布局布线工具可设置为探针功能。典型 JTAG 接口电路配置示例如图 2‐29 所示。

PRA/B 作为探针引脚主要由边界扫描复位端 TRST 控制，当 TRST 为低时为普通 I/O 端，当 TRST 为高时可作为探针电路。在用户模式下建议将其置低且配置下拉电阻。

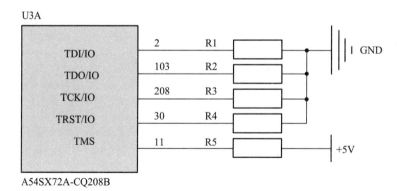

图 2‐29　JTAG 接口电路配置示例

（5）I/O 端口配置

I/O 端口允许接入 TTL，LVTTL，LVCMOS2，3.3V/5V 的 PCI 电平。在做硬件设计时涉及未使用引脚建议将其置高或置低（不建议将未使用引脚悬空处置），鉴于安全考虑，可将闲置 I/O 端置低并设置下拉电阻，以免设置多处高电平端导致 PCB 电源短路[13]。

SX‐A 系列反熔丝 FPGA 特殊用途引脚设计建议见表 2‐4。

表 2 - 4　SX - A 系列反熔丝 FPGA 特殊用途引脚设计建议

| 特殊用途管脚 | 引脚符号 | 引脚号 | 引脚功能 | 推荐使用方法 |
|---|---|---|---|---|
| 时钟类引脚 | HCLK | 82 | 全局时钟 | 连接晶振，作为全局时钟使用 |
| | CLKA | 180 | 可配置全局时钟/I/O | 1）作为可配置全局时钟引脚使用时，在软件中配置为全局时钟功能或者局部时钟功能<br>2）作为 I/O 引脚使用时，根据信号特性进行上下拉<br>3）该引脚未使用时必须进行下拉 |
| | CLKB | 181 | 可配置全局时钟/I/O | |
| | QCLKA | 74 | 可配置局部时钟/I/O | |
| | QCLKB | 84 | 可配置局部时钟/I/O | |
| | QCLKC | 190 | 可配置局部时钟/I/O | |
| | QCLKD | 178 | 可配置局部时钟/I/O | |
| 探针类引脚 | PRA/I/O | 186 | 探针功能引脚/I/O | 1）不推荐使用探针功能（Reserve Probe 选项不勾选）<br>2）作为 I/O 引脚使用时，根据信号特性进行上下拉<br>3）该引脚未使用时芯片默认为三态输出，推荐下拉 |
| | PRB/I/O | 76 | 探针功能引脚/I/O | |
| JTAG 引脚 | TMS | 11 | 边界扫描功能控制 | 1）不推荐使用边界扫描功能（Reserve JTAG 选项不勾选）<br>2）TMS 引脚必须接 10 kΩ 电阻上拉<br>3）TCK/I/O、TDI/I/O、TDO/I/O、TRST/I/O 作为 I/O 引脚使用时，根据信号特性进行上下拉<br>4）TCK/I/O、TDI/I/O、TDO/I/O 引脚未使用时推荐下拉<br>5）TRST/I/O 引脚未使用时芯片默认为三态输出，为防止单粒子效应，该引脚必须下拉 |
| | TCK/I/O | 208 | 边界扫描功能时钟/I/O | |
| | TDI/I/O | 2 | 边界扫描功能输入/I/O | |
| | TDO/I/O | 103 | 边界扫描功能输出/I/O | |
| | TRST/I/O | 30 | 边界扫描功能/探针功能复位/I/O | |

# 参 考 文 献

［1］ 郑策. 对反熔丝结构 FPGA 的分析与研究［D］. 沈阳：辽宁大学，2015.

［2］ 王刚. 新型反熔丝器件及抗总剂量辐射 PROM 的研究与实现［D］. 成都：电子科技大学，2012.

［3］ 须国宗，杨传仁. 紫外光擦除信息的 EPROM 存储单元的工作与特性［J］. 电子学通讯，1980，2（3）：113 - 118.

［4］ S CHIANG，R WANG，J CHEN，et al. Oxide - nitride - oxide antifuse reliability［C］. International Reliability Physics Symposium，New Orleans，1990，186 - 192.

［5］ 张大华. 反熔丝 FPGA 布局布线算法研究及 CAD 软件开发［D］. 成都：电子科技大学，2015.

［6］ 邢克飞，杨俊，王跃科，等. Xilinx SRAM 型 FPGA 抗辐射设计技术研究［J］. 宇航学报，2007，28（1）：123 - 151.

［7］ 高海霞. 基于 SRAM 技术的现场可编程门阵列器件设计技术研究［D］. 西安：西安电子科技大学，2005.

［8］ A DOUMAR，H ITO. Detecting，diagnosing，and tolerating faults in SRAM - based field programmable gate arrays：a survey［J］. IEEE Transactions on Very Large Scale Integration.

［9］ E AHMED，J ROSE. The effect of LUT and cluster size on deep - submicron FPGA performance and density［J］. IEEE Transactions on Very Large Scale Integration（VLSI）Systems，2004，12（3）：288 - 298.

［10］ Microsemi Corporation. ACT 1 Series FPGAs［EB/OL］. http：//www. microsemi. com/document - portal/doc _ view/130666 - act - 1 - series - fpgas，1996.

［11］ K A EL - AYAT，A E GAMAL，R GUO，et al. A CMOS electrically configurable gate array［J］. IEEE Journal of Solid - State Circuits，1989，24（3）：752 - 762.

［12］ A E GAMAL，J GREENE，V ROYCHOWDHURY. Segmented channel routing is nearly as efficient as channel routing（and just as hard）［C］. Proceedings of the 1991 University of California/Santa Cruz Conference on Advanced Research in VLSI，Santa Cruz，1991，192 - 211.

［13］ Microsemi Corporation. SX - A Family FPGAs datasheet［EB/OL］. http：//www. microsemi. com/products/fpga - soc/，2005.

［14］ Microsemi Corporation. RTAX - S/SL and RTAX - DSP Radiation - Tolerant FPGAs Datasheet［EB/OL］.

［15］ 40MX and 42MX FPGA Families.

［16］ Antifuse Macro Library Guidefor Software v9. 0SP1

［17］ 段有为. FPGA 设计中时钟设计的探讨［J］. 无线电工程，2007，37（5）：62 - 64.

［18］ 唐冬，王胤丰，胡雨，等. ONO 结构反熔丝介绍［J］. 微机处理，2007，12（6）：17 - 18.

［19］ 王印权，郑若成. MTM 反熔丝单元的辐照特性研究［J］. 电子与封装，2017，17（4）：34 - 38.

［20］ 孙承松，张丽娟. ONO 反熔丝的研究［J］. 沈阳工业大学学报，2006.

［21］ 袁国火，徐曦，董秀成. ONO 和 MTM 反熔丝 FPGA 抗总剂量探讨［C］. 中国工程物理研究院第

七届电子技术青年学术交流会论文集，2005.

[22] 张伟，杜涛．反熔丝 FPGA 配置电路的研究 [J]．微电子学与计算机，2015，32（4）：98－101.

[23] 张健，孙辉先，陈晓敏，等．反熔丝 FPGA 的可靠性设计措施 [C]．第二十三届全国空间探测学术交流会论文，2010.

[24] 吴方明．反熔丝 FPGA 芯片的布线资源规划与设计实现 [D]．成都：电子科技大学，2017.

[25] 沈自才．空间辐射环境 [M]．北京：中国宇航出版社，2013.

[26] 徐勇，孙峥，赵斐，等．星载集成电路抗辐照设计加固新技术 [C]．中国电子学会电路与系统学会年会，2013.

[27] 刘忠立．DC－DC 转换器辐射效应简介 [DB/OL]．http：//www.doc88.com/p－6959950666978.html，2013－02－04.

[28] 贺朝会，耿斌，何宝平，等．大规模集成电路总剂量效应测试方法初探 [J]．物理学报，2004，53（1）：194－199.

[29] 张健，孙辉先，陈晓敏，等．反熔丝 FPGA 的可靠性设计措施 [C]．空间探测学术交流会论文，2010.

# 第 3 章　FPGA 可靠性设计通用技术

初学者在学习 FPGA 时，通常关注如何使用 FPGA 实现自己想要的功能，对于如何提升 FPGA 设计的可靠性往往不加以重视，但是对于经验丰富的 FPGA 设计师来说，可靠性设计是 FPGA 设计流程中不可或缺的一个环节，尤其对于航天产品来说，合理的可靠性设计可以降低 FPGA 产品在极端环境下的出错率。

本章主要讨论 FPGA 可靠性设计通用技术，包括复位设计、信号消抖设计、可靠性编码与状态机设计、亚稳态与竞争冒险、资源优化、时序分析与时序约束。

## 3.1　复位设计

### 3.1.1　复位

复位的作用是将所有寄存器赋成确定的初始状态，并且将 FPGA 产品的输出配置成安全值，确保 FPGA 产品可以重新进入正常的工作状态。具体包括：

1）便于仿真数据的判读，保证仿真与实际运行的一致性；

2）保证 FPGA 系统从确定的工作状态开始运行；

3）恢复工作异常的 FPGA 系统。

复位通常可以分为两种：软复位、硬复位。

软复位是通过复位程序模块产生复位信号，控制 FPGA 寄存器的赋初值操作。常用的软复位方式包括异步复位、同步复位、异步复位同步释放。

硬复位是指通过外部电路产生复位信号，控制 FPGA 寄存器的赋初值操作。

#### 3.1.1.1　异步复位

异步复位是复位信号不需要时钟信号参与就可以实现复位的操作，即只要复位信号有效，就会对系统进行复位，不需要等待时钟沿进行触发。比如：

```
code3 - 1:
module  reset_test(
        input          clk,
        input          rst,
        input          iData,
        output    reg        oData
) ;
always @ (posedge clk or negedge rst)
begin
```

```
    if(！ rst)
        oData ＜ = 1'b0；
    else
        oData＜ = iData；
    end
endmodule
```

这种异步复位设计方法存在一定风险，原因是复位沿和时钟沿同时到来，可能会导致建立时间或保持时间不足，引起复位失败。如图 3 - 1 所示为建立时间不足引发复位失败示意图。

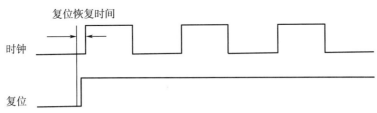

图 3 - 1　建立时间引发复位失败

异步复位信号和时钟信号类似，它通过复位网络到达各个触发器，需要驱动较多的子功能模块，因此异步复位信号往往具有较大的扇出，在布局布线的时候，通常综合器会自动将复位信号挂接到全局高速低延时网络上进行布线，这样虽然可以减小复位信号到达各个触发器的传输延时，但是依然存在时钟偏移问题。

如图 3 - 2 所示，异步复位信号从输入端传输到 3 个 D 触发器 D1、D2、D3 时，经过了不同的路径延时，到达 D1 触发器的复位信号 Rst_D1 首先释放，满足复位恢复时间要求，到达 D2 触发器的复位信号 Rst_D2 不满足复位恢复时间要求，基本和时钟沿同一时刻释放，到达 D3 触发器的复位信号 Rst_D3 经过了较长的路径延时，要比 D1 复位信号 Rst_D1 晚一个时钟周期。因此，由于到达 D2 触发器的路径较长，复位信号刚好在时钟沿到来的时候释放，此时，很有可能产生亚稳态现象，导致数据输出不正确。

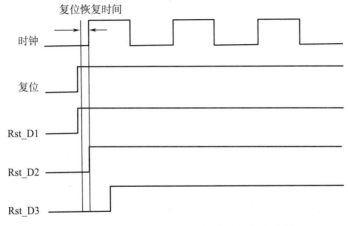

图 3 - 2　路径延时不同导致复位时间存在差异

（1）异步复位的优点

1）大多数目标器件库的触发器都有异步复位端口，因此异步复位比较节省资源；

2）设计相对更简单。

（2）异步复位的缺点

1）当时钟沿上升沿到来时，复位信号也到来，则会产生亚稳态错误；

2）复位的组合逻辑如果产生毛刺，有可能造成误复位。

### 3.1.1.2　同步复位

同步复位是只有当时钟沿到来时复位信号才有效的复位方式。比如：

```
code3－2:
always @(posedge clk)
begin
    if(!rst)
        q <= 1'b0;
    else
        q<= ~q;
end
```

图 3－3 所示为上述同步复位代码对应的逻辑电路图。

（1）同步复位的优点

1）有利于时序分析，综合结果的时钟频率通常更高；

2）一切动作只在时钟沿触发，可以有效规避异步复位由于毛刺而造成的复位误操作。

（2）同步复位的缺点

对于没有同步复位端的 FPGA，实现同步复位需要消耗更多的逻辑资源。

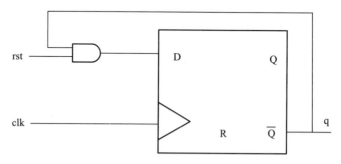

图 3－3　同步复位逻辑电路

### 3.1.1.3　异步复位同步释放

异步复位同步释放可以有效利用上述两种复位方式的优点，避免上述缺点。

所谓异步复位同步释放指的是复位信号有效时，时钟信号不对复位信号进行同步，复位信号无效时，时钟信号对复位信号进行同步。

异步复位由于复位释放的时间不确定，因此异步复位可能会出现建立时间或保持时间不足导致亚稳态现象发生。因此采用异步复位同步释放避免亚稳态的问题，复位信号直接接到 D 触发器的异步清零端，因此就不存在同步复位中复位信号必须大于时钟周期才能被检测到的局限，同时，复位信号 syn_rst 变成高电平是由时钟信号 CLK 控制的，只有在时钟上升沿才能发生变化（复位释放），这就实现了同步释放，因此异步复位同步释放解决了同步复位和异步复位的设计缺陷，是较好的复位办法。

```
code3 - 3:
module   test(
    input          CLK,
    input          RST,
    output   reg    syn_rst
    );
    reg    reset;
always @(posedge CLK or negedge RST)
begin
    if(!RST)
        reset   <= 1'b0;
    else
        reset   <= 1'b1;
end

always @(posedge CLK or negedge RST)
begin
    if(!RST)
        syn_rst   <= 1'b0;
    else
        syn_rst   <= reset;
end

endmodule
```

如图 3-4 所示为异步复位同步释放，既可以解决异步复位的亚稳态问题，又可以解决同步复位资源消耗太大的问题。

### 3.1.2　高电平复位与低电平复位

硬复位方式分为高电平复位和低电平复位。

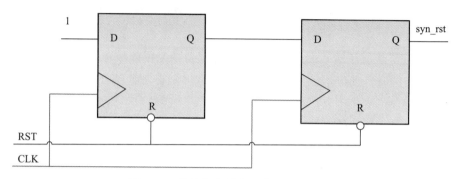

图 3-4　异步复位同步释放设计示意图

（1）低电平复位

低电平复位是复位信号处于低电平状态时，电路进行复位。

常用的低电平复位电路如图 3-5 所示。

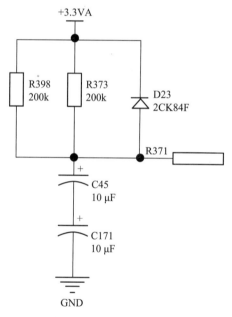

图 3-5　低电平复位电路

　　FPGA 上电时，电容两端的电压无法突变，电容充电过程中，电容两端压差会逐渐抬升，电阻 R371 后面连接两级反相器后，电压缓起的过程被整型为直接抬升，经过一段时间后，电容充电完毕，此时 RST 从低电平变成高电平，复位完毕。设计时选用了两个电阻 R398 和 R373、电容 C45 和 C171，主要是防止其中一个电阻或电容失效，进行备份设计，如果失效一个，不至于电路功能失效。

　　（2）高电平复位

　　高电平复位是复位信号处于高电平状态时，对电路进行复位。设计高电平复位电路时，只需要少一个反相器即可。

高电平复位也有设计成将电容和电阻调换位置的复位电路,电容两端电平无法突变,因此上电初始状态是高电平,而后变成低电平。这种复位电路正常情况下是没有问题的,考虑到电容属于相对比较容易损坏的元器件,因此一旦电容失效,该复位电路就无法工作了,所以不推荐这种接法。

选择高电平复位还是低电平复位与 FPGA 芯片内部触发器结构有关,比如,Xilinx 7 系列 FPGA,其触发器 R 端口既可以作为同步置位/复位端口,也可以作为异步预设/清除端口,并且都是高电平有效,也就是说,如果设计的 RTL 代码使用的是低电平复位,综合器将会在复位信号驱动寄存器控制端之前插入一个反相器,因此实际综合的过程中会多使用一个查找表来实现反相器,这使得整个布线延时加长,时序变差,并且导致额外的逻辑资源被消耗。因此,在实际 FPGA 设计时,选择什么复位方式,需要根据实际选用器件的触发器结构而定。Altera 的芯片通常设计为低电平复位更合适,因为它的芯片内部触发器结构是低电平有效。

### 3.1.3　复位时长设计依据

FPGA 器件初始加电时需要经过一个上电过程,上电复位才能够起作用,因为 FPGA 器件上电时间受上电速度影响较大,所以上电复位时间必须有设计余量。表 3 - 1 为 FPGA 器件上电时间。

表 3 - 1　FPGA 器件上电时间 (参考值)

| FPGA 芯片类型 | 慢上电 | 快上电 | 上电时间 (慢速/快速) |
|---|---|---|---|
| Actel | 0.2 V/ms | 0.5 V/μs | 25 ms/0.01 ms |
| Xilinx virtex 系列 | 0.1 V/ms | 2.5 V/ms | 50 ms/2 ms |

如图 3 - 6 所示,对于 Xilinx 器件,上电后还要经过启动配置和配置等待过程复位才能够起作用,启动配置时间 ($T_{PI}$) 最大 2 ms。以 18V04 配置 PROM (4 Mbit) 为例,最大串行配置时钟频率是 60 MHz,默认是 4 MHz,那么配置时间默认是 1 s,最少需 66 ms[1]。

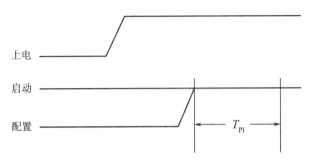

图 3 - 6　Xilinx 器件启动配置时序

根据上述复位依据可知,不同芯片的复位时间不同,因此在设定复位时间时,必须要查阅所使用的 FPGA 芯片手册，确保复位时间大于各芯片上电后开始正常工作的时间。

设计 RC 硬件复位电路时，计算复位时间可以按照以下公式进行推导。由于电容充放电需要一个持续时间，假设电容初始电压为 $U_0$（一般为 0 V），上电后在电容两端施加电压 $U$，根据电容的电流和两端电压变化关系计算公式得

$$I = C\frac{\mathrm{d}U}{\mathrm{d}t} \tag{3-1}$$

根据式（3-1）可以得到

$$I\mathrm{d}t = C\mathrm{d}U \tag{3-2}$$

对式（3-2）两边进行积分可以得到

$$It = CU \tag{3-3}$$

式（3-3）可以表示为

$$t = C\frac{U}{I} = RC \tag{3-4}$$

电容两端电压爬升到 $U$ 需要经过时间 $RC$，常用的电平标准主要有 TTL、CMOS、LVTTL、LVCMOS 等，对于 TTL 电平 Vcc（+5 V），高电平阈值为 2.4 V，低电平阈值为 0.5 V。对于 LVTTL（Low Voltage TTL）电平（+3.3 V），高电平阈值为 2.4 V，低电平阈值为 0.4 V。

根据上述理论可知，当设计的 RC 复位电路为低电平复位，FPGA 接口电压为 3.3 V，那么电容两端电压要爬升到 2.4 V，需要经过时间 $t = 0.73 \times RC$，$t$ 就是复位所需时间。

### 3.1.4　远程遥控复位

远程遥控复位主要应用于航天领域等特殊场合。当突发紧急情况时需要复位，只需要地面站远程发送遥控复位指令，产品即可完成复位操作。

对于遥控指令产生的 FPGA 外部复位信号必须要打两拍，进行同步处理，消除毛刺，降低亚稳态发生的概率，如果遥控复位指令不进行同步处理，复位信号的毛刺容易造成整个系统误复位。图 3-7 所示为远程遥控复位的示意图。

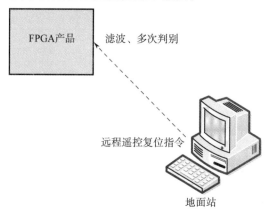

图 3-7　远程遥控复位

## 3.2　信号消抖设计

### 3.2.1　抖动的产生

　　信号抖动有两类：机械按键类抖动和信号干扰类抖动。

　　按键为机械弹性部件，当机械触点断开或闭合时会产生机械抖动。可以将图 3-8 和图 3-9 进行对比来说明理想按键和实际按键抖动情况，按键抖动时间通常为 5～15 ms（根据机械特性不同，具体时间也不同）。

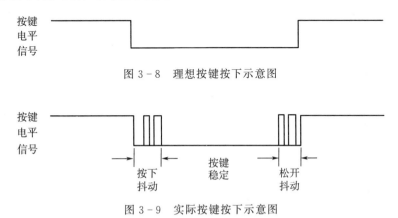

图 3-8　理想按键按下示意图

图 3-9　实际按键按下示意图

　　信号干扰类抖动是 FPGA 设计中最常见的一种现象，FPGA 在接收外部输入的信号时，经常伴随几十纳秒的毛刺，导致接收信号不稳定，甚至出现误判，示意图如图 3-10 所示。

图 3-10　外部信号携带的毛刺

### 3.2.2　信号抖动的危害

　　抖动最常见的危害是对结果造成误判或者采集的数据信号不稳定。比如，在 FPGA 设计中，经常用到边沿（上升沿或下降沿）触发，以此作为该信号采集时刻的依据。假如，对于一个外部按键信号，低电平有效，当检测到下降沿后，如果立即判定为按键按下有效，那么实际可能并没有按下按键，只是一次轻微抖动，此时 FPGA 将误执行按键按下后的操作。

　　同样地，对于信号干扰类抖动，如果检测信号为高电平有效，由于毛刺不定时到来，如果毛刺达到高电平的阈值，那么很有可能被 FPGA 判定为有效信号。

### 3.2.3 抖动的消除办法

消除抖动的办法分为两种：硬件电路滤波消除和软件滤波消除。

硬件电路滤波是对进入 FPGA 的信号进行 RC 电路滤波，以消除特定频率的毛刺和抖动。

软件滤波是用软件来识别有用信号和干扰信号，并滤除干扰信号的方法。

对于外部按键信号，根据按键抖动的机械特性，在设计软件滤波时，可以采用状态机结合计数器的方法实现按键消抖。首先，检测按键信号是否有启动跳变沿（状态机 1），当采集到信号有效，进入下一个状态机（状态机 2），计数器开始计时 20 ms，期间一直判别按键信号是否保持有效电平状态，若计时到了 20 ms 之后，如果依旧保持有效电平状态，则进入到下一个状态机（状态机 3），在状态机 3 中，判别是否有结束跳变沿到来，结束跳变沿到来后，同样地，计数器开始计时 20 ms，期间一直判别按键信号是否保持无效电平状态，当计时到了 20 ms 之后，则表示一次完整的按键检测结束。

毛刺一般只有满足以下条件时，才会对设计造成危害：

1）毛刺出现在采集时刻；

2）满足数据的建立时间和保持时间条件。

对于毛刺的消除可以采用两级同步的办法：首先对外部信号进行同步，一个基本的同步器由两个串联的触发器组成，且中间禁止有组合电路。这种设计可以将亚稳态降低在一个可接受的范围内。2DFF 同步器原理如图 3 - 11 所示。

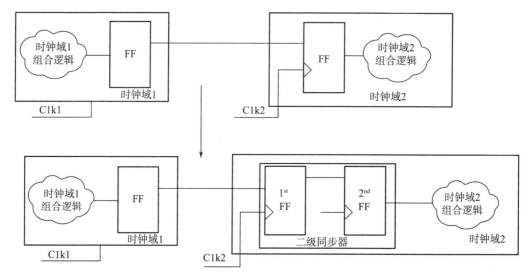

图 3 - 11　2DFF 同步器原理图

具体代码如下：

```
input      data_in;
reg        din_reg1;
```

```
reg              din_reg2;
always @(posedge CLK or negedge RST)
begin
    if(!RST)
        begin
            din_reg1  <= 1'b0;
            din_reg2  <= 1'b0;
        end
    else
        begin
            din_reg1  <= data_in;
            din_reg2  <= din_reg1;
        end
end
```

上述程序中，din _ reg2 就是对外部信号进行了两级同步化处理。

## 3.3　可靠性编码与状态机设计

有限状态机（Finite State Machine，FSM）是 FPGA 设计中最重要的一个概念，根据状态机的输出是否与输入有关，可以把状态机分为两大类：摩尔（Moore）型状态机和米莉（Mealy）型状态机，其中摩尔型状态机的输出只与现态有关系，而米莉型状态机的输出不仅和现态有关，还与输入有关。

有限状态机一般分为三个部分：状态译码器、状态寄存器和输出译码器。状态译码器和输出译码器属于组合逻辑。状态译码器的作用是确定状态机的下一个跳转状态；输出译码器的作用是确定状态机的输出；而状态寄存器输出时序逻辑，用来存储状态机的内部状态。设计状态机应遵循以下可靠性规则：

1）设计逻辑清晰易懂；

2）具有异常态自恢复机制，状态机不会异常卡死。

### 3.3.1　状态机描述方式

状态机通常分为三种：一段式、两段式、三段式。

（1）一段式

整个状态机只有一个 always 块，在一个模块里既描述状态转移又描述状态的输入和输出。

（2）两段式

整个状态机有两个 always 块，其中一个模块里采用组合逻辑判断状态转移的条件，另一个模块采用时序逻辑描述状态转移。

（3）三段式

整个状态机有三个 always 块，其中一个模块里采用组合逻辑判断状态转移的条件，另一个模块采用时序逻辑描述状态转移，最后一个模块既可以用时序逻辑也可以用组合逻辑描述状态输出。

一般推荐使用的是两段式或三段式状态机，其相比一段式状态机条理更加清晰。下面给出三种状态机的例程[2]。

①一段式状态机

```verilog
module    FSM1(
input               clk,
input               rst,
input               a,
input               b,
output      reg        c
);
reg       [2:0]   FSM_STATE;
parameter   IDLE     = 3'b001;
parameter     STATE1 = 3'b010;
parameter     STATE2 = 3'b100;


always @(posedge clk or negedge rst)
begin
    if(!rst)
        begin
            FSM_STATE <= IDLE;
            c <= 1'b0;
        end
    else
        begin
            case(FSM_STATE)
            IDLE:
                begin
                    FSM_STATE <= STATE1;
                    c <= a^b;
                end
```

```verilog
        STATE1:
            begin
                FSM_STATE <= STATE2;
                c <= a - b;
            end

        STATE2:
            begin
                FSM_STATE <= IDLE;
                c <= a + b;
            end

        default: FSM_STATE <= IDLE;
        endcase
    end
end
endmodule
```

②两段式状态机

```verilog
module   FSM2(
input           clk,
input           rst,
input           a,
input           b,
output      reg         c
);

reg      [2:0]    FSM_current_STATE;
reg      [2:0]    FSM_next_STATE;

parameter  IDLE    = 3'b001;
parameter    STATE1 = 3'b010;
parameter    STATE2 = 3'b100;

//状态跳转
always @(posedge clk or negedge rst)
begin
```

```
        if( !rst)
            FSM_current_STATE <= IDLE;
        else
            FSM_current_STATE <= FSM_next_STATE;
end


//状态逻辑输出
always @ ( * )
begin
    case(FSM_current_STATE)
    IDLE:
        begin
            if(a == 1'b1)
                begin
                    FSM_next_STATE = STATE1;
                    c = a^b;
                end
            else
                begin
                    FSM_next_STATE = IDLE;
                    c = a^b;
                end
        end

    STATE1:
        begin
            if(a == 1'b1)
                begin
                    FSM_next_STATE = STATE2;
                    c = a^b;
                end
            else
                begin
                    FSM_next_STATE = STATE1;
                    c = a - b;
                end
```

```
            end

      STATE2:
          begin
              if(a = = 1'b1)
                  begin
                      FSM_next_STATE = IDLE;
                      c = a^b;
                  end
              else
                  begin
                      FSM_next_STATE = STATE2;
                      c = a+b;
                  end
          end

      default:FSM_next_STATE = IDLE;
      endcase
end

endmodule
```

③三段式状态机

```
module   FSM3(
input                clk,
input                rst,
input                a,
input                b,
output        reg         c
);

reg        [2:0]    FSM_current_STATE;
reg        [2:0]    FSM_next_STATE;

parameter    IDLE   = 3'b001;
parameter     STATE1 = 3'b010;
parameter     STATE2 = 3'b100;
```

```verilog
//状态跳转
always @ (posedge clk or negedge rst)
begin
    if( !rst)
        FSM_current_STATE <= IDLE;
    else
        FSM_current_STATE <= FSM_next_STATE;
end

//状态跳转输出
always @ ( * )
begin
    case(FSM_current_STATE)
    IDLE:
        begin
            if(a == 1'b1)
                begin
                    FSM_next_STATE = STATE1;
                end
            else
                begin
                    FSM_next_STATE = IDLE;
                end
        end

    STATE1:
        begin
            if(a == 1'b1)
                begin
                    FSM_next_STATE = STATE2;
                end
            else
                begin
                    FSM_next_STATE = STATE1;
                end
        end
```

```verilog
        STATE2:
            begin
                if(a = = 1'b1)
                    begin
                        FSM_next_STATE = IDLE;
                    end
                else
                    begin
                        FSM_next_STATE = STATE2;
                    end
            end


        default:FSM_next_STATE = IDLE;
        endcase
end

//状态逻辑输出
always @(posedge clk or negedge rst)
begin
    if(!rst)
        c = 1'b0;
    else
        begin
            case(FSM_next_STATE)
            IDLE:
                c = a^b;
            STATE1:
                c = a-b;
            STATE2:
                c = a+b;
            default:c = 1'b0;
            endcase
        end
end
endmodule
```

### 3.3.2　状态机编码方式

不同编码方式对 FPGA 时序指标以及可靠性、安全性都有影响，常用编码方式包括：二进制编码、格雷码和独热码（One-Hot）等。

二进制码可以用 $n$ 个 bit 的数据表示出十进制的 $0 \sim 2^n - 1$，消耗的触发器比较少，特点是每次状态变化时，状态位会出现多位同时跳变，这种特点会带来一个问题，就是当选用二进制码作为状态机编码方式时，相邻状态进行跳变时，一次会发生多个数据位改变，从而导致电噪声大，转换速度较慢，并且一旦被单粒子打翻，误进入到其他状态中，容易出错，因此在低功耗场合、恶劣环境中，应避免使用二进制编码的方式。

格雷码具有单步特性和循环特性，状态机切换时，相邻状态只有一位发生变化，因此具有电噪声小、转换速度快的特点。缺点是译码较为复杂，很难直接比较大小和算术运算，需要转换成二进制码来判断。

独热码的特点是状态机切换时，只有一个数据位发生变化，因此可以有效简化译码逻辑，译码简单意味着降低了毛刺产生的概率，并且相比二进制编码要更加可靠，在恶劣环境中，如果发生单粒子翻转，状态机切换很难发生错误，状态机会进入到 default 状态。这种编码方式的缺点是触发器资源占用较多。该编码方式适合应用于恶劣环境、对可靠性要求较高的场合。

### 3.3.3　格雷码

格雷码是 20 世纪 40 年代由贝尔实验室提出的，最初用于 PCM 传输信号时避免出错。格雷码采用绝对编码的方式，具有单步特性和循环特性，这种特性可以有效消除随机取数时产生的重大误差，格雷码是一种可靠性编码方式，因此目前被广泛应用于 FPGA 的状态机编码中。例如，从十进制的 3 转换成 4 的时候，二进制码的 0011 变成 0100 每一位都需要发生跳变，这使得实际数字电路会产生很大的尖峰电流脉冲，而如果用格雷码编码，3 表示成格雷码是 0010，4 表示成格雷码是 0110，因此从 3 跳变成 4 的时候，只需要改变一位，这对于数字电路来说，不会产生较大的尖峰电流脉冲。具体转换关系见表 3-2。格雷码编码的数字组合在任意相邻的数之间转换时，只有一个数据位发生变化，这样可以极大地减少由一个状态到下一个状态的逻辑混淆，这就是格雷码的单步特性。并且最大数和最小数之间也是只相差一个数据位，这是格雷码的循环特性[3]。

表 3-2　二进制编码与格雷码转换关系

| 十进制 | 二进制 | 格雷码 |
|---|---|---|
| 0 | 0000 | 0000 |
| 1 | 0001 | 0001 |
| 2 | 0010 | 0011 |
| 3 | 0011 | 0010 |
| 4 | 0100 | 0110 |

**续表**

| 十进制 | 二进制 | 格雷码 |
|--------|--------|--------|
| 5 | 0101 | 0111 |
| 6 | 0110 | 0101 |
| 7 | 0111 | 0100 |
| 8 | 1000 | 1100 |
| 9 | 1001 | 1101 |
| 10 | 1010 | 1111 |
| 11 | 1011 | 1110 |
| 12 | 1100 | 1010 |
| 13 | 1101 | 1011 |
| 14 | 1110 | 1001 |
| 15 | 1111 | 1000 |

表 3-2 中，二进制码转成格雷码的方法：从二进制码最右边一位开始，依次将每一位和左边一位异或，作为格雷码该位的值，最左边的一位不发生变化。

格雷码转换成二进制码的方法：从左边第二位开始，将每一位和左边一位解码后的值进行异或，作为该位解码后的值，最左边的一位不发生变化。

### 3.3.4　独热码

独热码又被称为一位有效编码，在 FPGA 状态机设计时，经常使用这种编码方式，具体方法是使用 $N$ 位状态寄存器对 $N$ 个状态进行编码，在任何一个状态时，只有一位有效。这种编码方式虽然使用的寄存器位宽较多，但是由于状态编码非常简单，可以减少组合逻辑并且执行速度非常快。与二进制编码和格雷码相比，这两种编码方式需要消耗比较多的组合逻辑，而独热码编码使用的组合逻辑较少，在不同的状态机之间比较时，只需要比较一个数据位，从而简化了译码逻辑。当 FPGA 组合逻辑资源不够用或想提高时序速度时，采用独热码设计状态机，可以改善组合逻辑资源使用情况，减少组合逻辑数目，提高系统的时序速度。

在宇航用 FPGA 产品中，一般规定状态机使用独热码编码方式，目的是除了提高时序速度和减少组合逻辑，还可以有效防止单粒子翻转导致状态机运行出错的现象。举例说明：

状态机 A 状态定义：

```
parameter        IDLE = 4'b0000;
parameter        WAIT = 4'b0001;
parameter        READ = 4'b0010;
parameter        FINISH = 4'b0011;
```

假如发生单粒子翻转现象，4'b0000 的最低位被打翻了，则 IDLE 状态（4'b0000）变成了 WAIT 状态（4'b0001），或者 4'b0001 被打翻了 1 位变成 4'b0011，则 WAIT 状态变成了 FINISH 状态，因此状态机出现误触发。

上述状态机如果定义成独热码：

parameter　　　　IDLE　= 4'b0001；
parameter　　　　WAIT　= 4'b0010；
parameter　　　　READ　= 4'b0100；
parameter　　　　FINISH　= 4'b1000；

假如发生单粒子翻转现象，4'b0001 的最低位被打翻了，则 IDLE 状态（4'b0001）变成了 default 状态（4'b0000），或者 4'b0010 被打翻了 1 位变成 4'b0011，则 WAIT 状态变成了 default 状态。状态机不会出现误触发，而是进入 default 状态，不执行错误操作。

## 3.4　亚稳态与竞争冒险

亚稳态现象是数字电路的常见问题，并且由于亚稳态恢复时间的不确定性，无法彻底消除亚稳态的影响。因此，通过在设计时预留一定的亚稳态恢复时间（用 $T_{met}$ 表示），保证在绝大多数情况下，信号可以在 $T_{met}$ 时间内从亚稳态中恢复之后才参与到后面的逻辑运算中，从而降低亚稳态的影响。

最开始由 Altera 提出了 MTBF（Mean Time Between Failure，平均无故障时间）的概念，在一定的 $T_{met}$（$T_{met}$ 指的是从时钟上升沿触发后的时序余量时间）下，平均无故障时间和 FPGA 的工艺（$C_1$、$C_2$）、异步数据变化的频率（$f_d$）、时钟频率（$f_c$）有关系。

FPGA 厂商通过实验的方法得到经验数据，提供了 MTBF 的计算公式和部分工艺因子（$C_1$、$C_2$）的数据，可以通过这个公式和实际情况计算来看是否满足可靠性的要求[4]

$$\ln(\text{MTBF}) = C_2 * T_{met} - \ln(C_1 * f_d * f_c) \qquad (3-5)$$

在上述公式中，$C_1$、$C_2$ 是与器件有关的参数，这对于用户来说相当于一个常数值，因此设计者只能通过改变 $f_d$，$f_c$，$T_{met}$ 来提高 MTBF 的值，这个值越大，说明亚稳态发生概率越小。一般可以降低 $f_d$，$f_c$，也可以延长 $T_{met}$。

$T_{met}=$ 时钟周期－寄存器传输延时 $T_{co}$－建立时间 $T_{su}$－组合逻辑延时 $T_{data}$

由跨时钟域引发的亚稳态问题在 FPGA 设计中也经常遇到。如果要确保数据稳定传输，必须要保证 D 触发器输入端口上的数据满足建立时间和保持时间要求。如果在建立时间和保持时间内，数据发生了变化，那么此时数据无法被正常采集，触发器中的晶体管不能可靠地设置为逻辑 0 或者逻辑 1 对应的电平上，而是处于一个不确定的中间电平状态，这就是亚稳态问题，可以形象地用图 3-12 表示。

从图 3-12 可以看出，数据在建立时间和保持时间内发生了更新，这就意味着输出状态是不确定的，这种状态可以类比为图 3-13，一个球放在了半圆上，球很可能往右边滚下，也可能往左边滚下，这种状态很形象地表示出了亚稳态问题[2]。

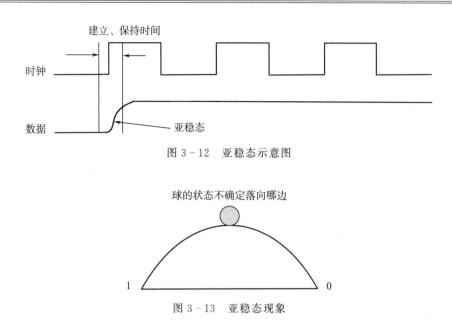

图 3 - 12　亚稳态示意图

图 3 - 13　亚稳态现象

### 3.4.1　亚稳态案例及亚稳态发生的原因

　　某卫星型号单机在整机联试中发现读指令有时不响应，设计师将该单机拿回来进行故障重现，发现发送 200 多条指令才会产生一次不响应的情况。该单机中数据流如图 3 - 14 所示。设计师对代码进行了反复检测，利用逻辑分析仪进行故障现象抓取，发现 FPGA2 已解析了读指令，并给出读状态控制信号，We 信号也有效，FIFO 半满信号一直有效，可是 FPGA1 输出 Oe 信号一直无效，所以无数据输出。因此断定故障现象出在 FPGA1 中。

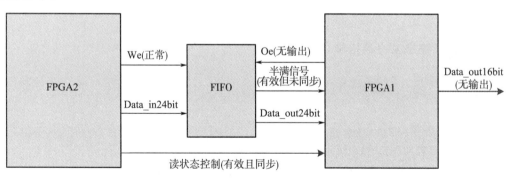

图 3 - 14　数据流

　　对代码进行分析，该 FPGA1 中设计了一个状态机，该状态机在读到 FIFO 的半满信号后，开始读取 FIFO 数据，将 FIFO 传入的 24 位数据转换为 16 位数据输出；在 FIFO 空信号有效后，停止读取 FIFO 数据，进入等待状态，等待下一个 FIFO 半满有效信号。该状态机采用 onehot 编码，在整个 FPGA 设计均未选用 safe 模式对状态机进行综合优化，共 11 位，属于 Meely 机，导致有多种非法状态，一旦状态机进入了非法状态，经过逻辑组合，状态编码在不停变换，若状态编码变换进入了死循环，无法跳出，就进入了死锁状态，需要重新复位状态机。经过后仿真分析，发现当状态机的次态寄存器在接收到 FIFO 半满信号后，两个触发器的数据会有一段时间处于亚稳态，当时钟在这段时间内状态机由次态变为现态，就会采到 00，该状态为非法状态，状态机进入死锁，无法恢复正常状态。

采取的解决办法如下：

1）对异步接口信号进行同步处理。对 FIFO 半满信号和 FIFO 空信号采用了两级触发器进行同步，将亚稳态恢复时间延长到一个时钟周期，使得亚稳态发生概率大大降低，可以忽略不计。

2）对该状态机采用 safe＋one－hot 码进行综合优化，避免状态机进入非法态后，进入死锁状态，无法恢复到正常。

亚稳态现象通常发生于异步复位电路、跨时钟域、异步信号检测等场合，亚稳态的危害总结如下：

1）亚稳态可能无法在一个时钟周期内恢复到稳定状态，传播到下一个寄存器时，也会将错误的状态传播过去。

2）亚稳态可能导致毛刺产生，毛刺的产生可能会导致系统出现误判。

3）亚稳态的发生可能导致数据出现误判，比如状态机设计时，如果采用的是 3 位的 one－hot 独热码编码，正常的状态只有 001、010、100 三个状态，如果这个状态机存在多个异步信号输入，那么很可能发生亚稳态现象。

4）亚稳态可能导致 RAM 中的内容发生变化，由于异步极有可能导致亚稳态现象发生，那么如果某个设计中操作 RAM 时，读地址的时钟和 RAM 的读时钟是异步的，对于 CMOS FPGA 器件，在读 RAM 的时候会伴随一个自动回写动作，回写的时候，在地址信号上发生了亚稳态，导致某个地址上的数据写到了另外的地址上，从而 RAM 中的内容发生变化。

### 3.4.2　减少亚稳态发生的措施

通过上述分析，了解了亚稳态发生的场合后，可以总结出以下办法，减少亚稳态现象的发生：

1）对于外部输入的信号，需要对该异步信号进行同步处理，最常见的做法是两级同步处理。具体方法如图 3－15 所示。

2）采用异步 FIFO 或者 SDRAM 等进行多位数据跨时钟域传输。

3）针对于异步复位引起的亚稳态问题，采用"异步复位，同步释放"的方法，经过第二级 D 触发器后的复位信号，作为全局复位信号，可以有效降低异步复位带来的亚稳态问题。

4）针对状态机采用 safe 模式进行综合优化，避免由于异步问题导致亚稳态现象发生，从而使得状态机进入非法状态，死锁后无法恢复正常。

以下程序为针对综合工具是 Synplify 时，采用 safe 模式进行综合优化状态机，最常用

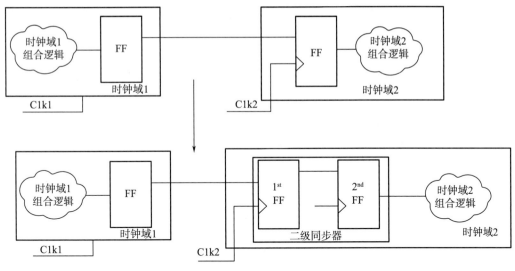

图 3 - 15　两级同步

的办法是在状态机定义后添加一句注释：

/ ∗ synthesis syn_encoding = " safe,onehot" ∗ /

具体如下：

//状态机设置成 one - hot 码，并且通过添加注释设置为 safe 模式。

```
reg [ 6:0]   State/ ∗ synthesis syn_encoding = " safe,onehot" ∗ /;
parameter  idle       =  7'b0000_001;
parameter  conv_en    =  7'b0000_010;
parameter  conv_wait  =  7'b0000_100;
parameter  read_en    =  7'b0001_000;
parameter  rd_wait    =  7'b0010_000;
parameter  read_ready =  7'b0100_000;
parameter  ad_over    =  7'b1000_000;
```

5）针对跨时钟域，采用握手机制进行时钟同步，从而增加 FPGA 产品工作的可靠性和稳定性。

### 3. 4. 3　竞争冒险产生原理

竞争冒险也是数字电路设计中比较常见的一个问题，本质上也属于亚稳态现象。在组合逻辑电路设计中，由于信号在传输和处理时，从输入端到稳定输出的过程中，经过了不同的逻辑门电路、触发器等产生了不同的时间延迟，导致信号的原变量和反变量状态改变的时刻不一致，这种现象称为竞争。由于竞争导致的组合逻辑产生错误的输出，这种现象称为冒险，通常表现为输出端出现毛刺。

在组合逻辑电路中，只要是某个信号同时以原变量和反变量的组合形式出现，就可能出现竞争现象，若

$$F = A\bar{A} \qquad\qquad (3-6)$$

那么上述电路中，使用了两个逻辑门，一个非门和一个与门，如图 3-16 所示。在理想情况下，$F$ 稳定输出逻辑 0，但是实际上每个逻辑门电路的路径延时不同，延时时间与器件的制作工艺、逻辑门的种类有关。

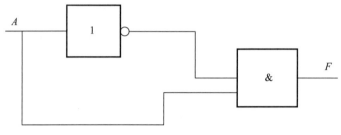

图 3-16　$F = A\bar{A}$ 逻辑门电路

从图 3-17 中可以看出，由于逻辑门的延迟，导致实际最终输出的 $F$ 携带有毛刺，如果设计中对毛刺比较敏感，那么竞争冒险将可能导致 FPGA 输出结果出现永久性错误。

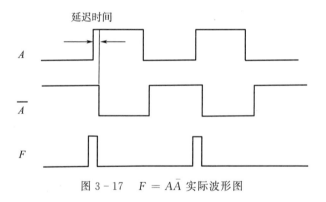

图 3-17　$F = A\bar{A}$ 实际波形图

下面举例说明竞争冒险的发生场合：

```
code3-6:
module   JZMX(
    input      a,
    input      b,
    output     c
);
always @( * )
begin
    c = ~(a ^ b);
```

```
    end
endmodule
```

用图 3 - 18 描述上述例子（code3 - 6），从上述例子可以知道，信号 $a$ 和信号 $b$ 进行异或，异或得到的结果赋给 $c$，该设计是一个组合逻辑设计，根据上文中竞争冒险产生的条件可知，竞争冒险现象通常发生于组合逻辑中，如果信号 $a$ 和信号 $b$ 的逻辑门电路的路径延时不同，导致跳变的时刻不一致，那么会产生图 3 - 18 中的竞争冒险情况，在跳变时，出现毛刺，导致计算结果 $c$ 出错。

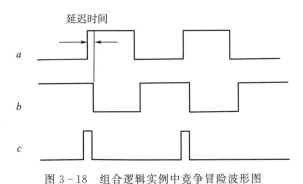

图 3 - 18　组合逻辑实例中竞争冒险波形图

上述例子（code3 - 6）如果改为时序逻辑：

code3 - 7：

```
module   JZMX(
    input       clk,
    input       rst,
    input       a,
    input       b,
    output      reg     c
);
always @ (posedge clk or negedge rst)
    begin
        if(!rst)
            c< = 1'b0;
        else
            c <= ~(a ^ b);
    end
    endmodule
```

用图 3 - 19 描述上述例子（code3 - 7），在数字电路设计时，采用时序逻辑可以有效避免竞争冒险导致的严重问题，因为输出信号 $c$ 不仅仅和输入信号 $a$ 和 $b$ 有关，而且必须要在时钟沿才将结果输出给 $c$， 而时钟沿正常采集到毛刺的概率是非常小的，因此采用时序逻辑电路设计更为可靠。

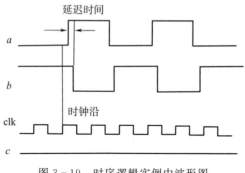

图 3 - 19　时序逻辑实例中波形图

### 3.4.4　竞争冒险判定方法及解决办法

根据上述竞争冒险的机理分析可知，只要输入信号 $A$ 和 $\bar{A}$ 是经过不同的传输路径而来，通过代数法或者卡诺图法，化简后得到输出状态的组合逻辑函数包含 $F = A + \bar{A}$ 或者 $F = A\bar{A}$ ，则可以判断该电路是否存在竞争冒险的问题。

竞争冒险干扰毛刺消除方法通常有以下几种：

1) 电路输出端接入滤波电容，由于产生的干扰毛刺通常是纳秒级别，因此可以在输出端接一个不大的滤波电容（几百 pF）进行滤除毛刺干扰，降低到门电路阈值电平以下，即可消除竞争冒险带来的问题。

2) 增加选通信号（见图 3 - 20）。在电路输出端达到稳定状态后进行采样选通，由于选通信号到来时电路已经达到稳定，在选通信号跳变的瞬间，正好有毛刺出现的概率极小，因此基本可以消除竞争冒险产生的毛刺影响。

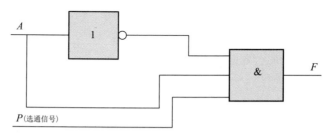

图 3 - 20　增加选通信号电路

3) 增加封锁脉冲信号（见图 3 - 21）。指的是在逻辑门电路输入端增加一个封锁脉冲 FS，该封锁脉冲要求与输入信号的状态转换保持同步，封锁脉冲在输入信号转换之前到来，转换之后结束，发生竞争的一段时间内，可以利用封锁脉冲信号使得逻辑门不会输出毛刺干扰。

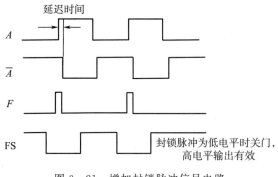

图 3 - 21　增加封锁脉冲信号电路

## 3.5　资源优化

FPGA 的资源优化主要是处理 FPGA "面积"与"速度"的关系。

FPGA 设计时经常听到"面积"一词，指的是 FPGA 的逻辑资源数，即设计中消耗的触发器和查找表数目；"速度"指的是 FPGA 稳定运行时能够达到的最高频率。这两个词始终作为衡量一个 FPGA 设计优劣的标准，"面积"和"速度"通常被认为是对立与统一的矛盾体，因为要提高速度，就需要消耗更多的逻辑资源，即消耗更多的"面积"，而如果要减小"面积"，就意味着要降低处理速度，一个优秀的设计，必须要保证"面积"和"速度"的协调统一。"面积"与"速度"通常可以进行互换，互换的方法如图 3 - 22 所示。

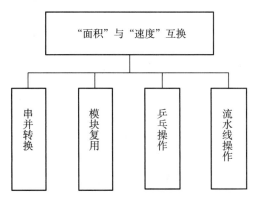

图 3 - 22　"面积"与"速度"互换的常用方法

### 3.5.1　串并转换

串并转换是 FPGA 数据流处理的一种常用方法，假设数据速率是 150 Mbit/s，乘法器的处理速度为 50 Mbit/s，乘法器无法满足数据速率的要求，这种情况下，考虑使用串并转换的思想，即采用面积换速度的原则，调用 3 个乘法器（消耗了更多逻辑资源）同时工作，并行处理数据，因此可以有效提高数据的吞吐量[5]，如图 3 - 23 所示。

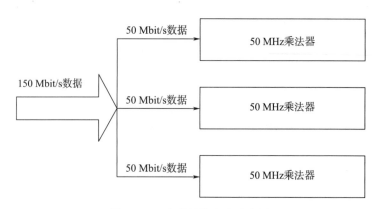

图 3-23　串并转换方法示意图

　　串并转换方法经常运用在 FPGA 设计中，比如 UART 串口通信，通信时只有一根接收和发送数据线，数据传输给 FPGA 时是串行传输的，即每个时刻只传输 1 bit 数据，为了提高速度，FPGA 将串行传输的数据进行串并转换，转换为 8 bit 的并行有效数据给其他模块。

### 3.5.2　乒乓操作

　　乒乓操作也是 FPGA 设计中常用的一种操作，乒乓操作的具体流程如图 3-24 所示。

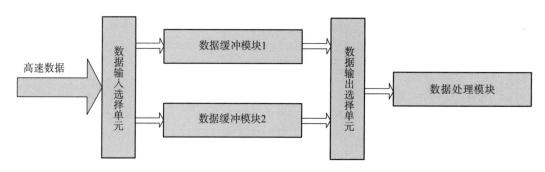

图 3-24　乒乓操作示意图

　　图 3-24 中的处理流程为：外部输入数据通过"数据输入选择单元"将数据分配到两个数据缓冲模块，"数据缓冲模块 1"和"数据缓冲模块 2"可以是 FPGA 设计中较为常用的一些模块，比如 FIFO、SRAM 等，然后按照以下流程进行操作[2]。

　　步骤 1：将输入的数据缓存到"数据缓冲模块 1"；

　　步骤 2："数据输入选择单元"对数据进行切换，将外部数据存入到"数据缓冲模块 2"中，与此同时，通过"数据输出选择单元"将"数据缓冲模块 1"中的数据送到"数据处理模块中"；

　　步骤 3："数据缓冲模块 2"中已经存满数据，此时通过"数据输出选择单元"将"数据缓冲模块 2"中的数据送到"数据处理模块"中，与此同时，"数据输出选择单元"对数据进行切换，将外部数据存入到"数据缓冲模块 1"中。

如此交替循环，类似打乒乓球一样，可以有效提升数据的处理速度。乒乓操作的最大特点是通过"数据输入选择单元"和"数据输出选择单元"按节拍、相互配合切换，将经过缓冲的数据流没有停顿地送到"数据处理模块"进行运算与处理。

采用乒乓操作，可以合理利用存储模块对高速数据进行处理，有效实现"面积"换"速度"。

### 3.5.3　流水线操作

FPGA 设计中的流水线技术类似于自动化生产装配线，将某个设计分成多个步骤执行，整个流水线处理过程是单向的，即前一个步骤的输出是下一个步骤的输入，在高速信号处理领域经常会用到流水线技术提高系统的工作效率和工作速度。

如图 3-25 所示，以某个生产工序为例，某个工序需要 4 个步骤完成，分别是步骤 1、步骤 2、步骤 3、步骤 4，安排了 4 位工人完成，如果按照流水线操作，那么当 1 号工人完成步骤 1 后，可以去做第二轮工序的步骤 1，与此同时，2 号工人开始做步骤 2，当 1 号工人完成第二轮工序的步骤 1 后，去第三轮工序的步骤 1，2、3、4 号工人类推。

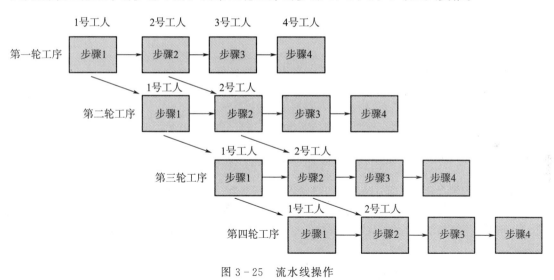

图 3-25　流水线操作

按照流水线操作，可以有效利用每个工人，原本需要 16 个周期完成的工作，现在只需要 7 个周期即可完成，极大地提升了处理速度，因此流水线设计经常被用于高速信号处理。

## 3.6　时序分析与时序约束基本理论

当面向实际工程时，如果工程比较庞大、复杂，时序有可能不满足，时序不满足意味着数据无法可靠地传输，作者曾经遇到过时序不满足的情况，表现出来的现象十分诡异：控制 16 路无刷电机，第一次编译综合布局布线后，第 4 路电机运行异常，其他电机均控制正常；进行第二次编译，第 4 路电机运行变得正常起来，原来正常的第 8 路电机变得运行异常了；再进行第三次编译，所有电机都运行正常，但是不确定是否存在其他没有发现的异常现象。

上述现象是真实的工程开发遇到的问题，这是一个时序不满足、数据传输不可靠的典型例子。当时序不满足时，数据就无法正确地传输，导致每次综合后布局布线的结果是未知不可控的，因此综合、布局布线后必须要看时序分析报告，确保时序满足要求。当时序不满足时，功能哪怕正常，也会存在巨大隐患，这种设计不能用于工程中。

### 3.6.1　时序分析基本理论

当数据信号在 FPGA 内部逻辑单元传输时，可以用图 3－26 所示数据传输模型进行描述。

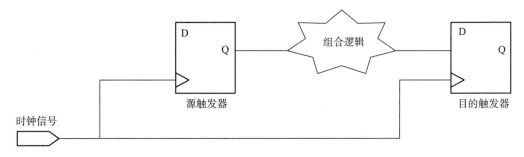

图 3－26　FPGA 数据传输通用模型

从图 3－26 中可以梳理出几个重要的点：

1）数据信号总是从一个 D 触发器（REG1，源触发器）传播到另一个 D 触发器（REG2，目的触发器）；

2）数据信号在传输过程中，可以经过多次组合逻辑变换；

3）分析数据信号在两个触发器之间传递时，前提是这两个触发器是在同源时钟下进行的。

了解了 FPGA 内部数据传输模型后，接下来，了解如何实现数据信号稳定、可靠地传输。

数据信号能稳定传输是 FPGA 可靠性设计的基础，在探讨这个问题之前，先了解一下 D 触发器的工作原理（见图 3－27）。

1）D 触发器是一种具有记忆功能，具有两个稳定状态（"0"和"1"）的信息存储单元，是时序电路的最基本单元。

2）D 触发器在时钟沿（clk）的触发下发生翻转，数据从 D 端更新到 Q 端。

逐步深入分析第 2）点，数据是否能被 D 触发器存储，取决于在时钟沿到来的那个时刻，D 端的数据是否为稳定、确定的状态。如果在时钟沿到来的那个时刻，D 端的数据正好也在发生变化，那么此时 D 端的数据就无法被 D 触发器存储，因为从第 1）点可以知道，触发器能存储两个稳定的状态，而无法确定是"0"还是"1"的话，就无法正确存储

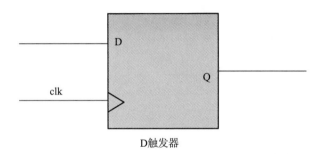

图 3 - 27　D 触发器

数据。这就是 FPGA 时序分析中最重要的概念之一"竞争与冒险"。

在时钟沿到来的那个时刻，D 端的数据处于稳定、确定的状态只是数据信号正确传输的条件之一，除此之外，还需要满足几个时间参数：建立时间、保持时间、传输延时。

### 3.6.2　建立时间、保持时间、传输延时、组合逻辑延时

建立时间、保持时间、传输延时三个重要的时间参数，可以用图 3 - 28 进行说明：

1）D 端要传输的数据，必须要在时钟沿 Clock 到来之前的一定时间（图中的 $T_{su}$）就已经是稳定状态，该时间被称为"建立时间 $T_{su}$"；

2）D 端要传输的数据必须要在时钟沿到来之后的一定时间（图中的 $T_h$）内保持住稳定的状态，该时间被称为"保持时间 $T_h$"；

3）D 端的数据满足上述两个条件后，在触发器内被更新到 Q 端，这个从 D 端更新到 Q 端的过程也需要一定的传输时间，即寄存器内部传输时间，被称为"传输延时 $T_{co}$"。

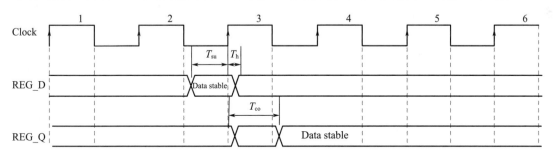

图 3 - 28　时序参数说明

上述过程仅探讨了数据在源触发器中从 D 端更新到 Q 端的过程需要满足的时序条件，数据传输到目的触发器，还需要经历 FPGA 内部的可编程连线及各种组合逻辑运算，这个过程也是需要耗费时间的，该时间被称为"组合逻辑延时 $T_{data}$"。

除此之外，时钟 Clock 从外部进到 FPGA，到达源触发器的时间 $T_{clk1}$ 相比 Clock 也有一个很小的延时，因为时钟虽然走的是高速通道，但是实际传播过程中到达不同寄存器的实际时间必定存在差异，时钟 Clock 到达目的触发器的时间 $T_{clk2}$ 和 $T_{clk1}$ 并不是同一个时刻。$T_{clk2}$ 和 $T_{clk1}$ 的差值就是时钟偏斜 $T_{skew}$。

下面采用图 3 – 29 所示的时序图进行具体的说明。

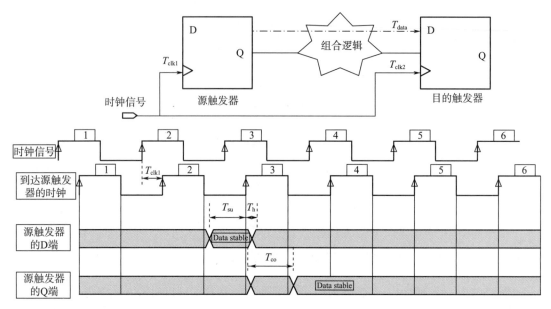

图 3 – 29　数据传输时序图

其中：

外部时钟信号到达源触发器，相比于外部时钟信号存在一个延时 $T_{clk1}$；

从时钟沿到达源触发器输入端 D，到数据更新到源触发器的输出端 Q，存在一个传输延时 $T_{co}$；

数据从源触发器的 Q 端经过内部连线和组合逻辑延时到达目的触发器的 D 端，这个时间为 $T_{data}$；

外部时钟信号到达目的触发器，相比于外部时钟信号存在一个延时 $T_{clk2}$。

### 3.6.3　数据信号可靠传输的条件

认识 FPGA 建立时间、保持时间、传输延时、组合逻辑延时等时序参数后，接下来要探讨如何保证目的触发器能够正常接收源触发器的数据。探讨这个问题之前，需要了解两个时序概念：数据达到时间和数据需求时间。

数据到达时间，从图 3 – 29 中可以看出，指的是以时钟沿输入端输入作为起始点，结束点就是到达目的触发器的 D 端的时刻。由此可以计算得出

$$T_{arrive} = \text{Launch Edge} + T_{clk1} + T_{co} + T_{data}$$

数据需求时间，指的是数据被存入目的触发器所需要的最短时间长度。首先，时钟到达时间为

$$\text{CLK arrive time} = \text{Latch Edge} + T_{clk2}$$

那么数据需求时间为

$$\text{CLK arrive time} - T_{su}$$

时序起始点 Launch Edge 到时序结束点 Latch Edge 之间的时间差，就是时钟 CLK 的周期 $T$。

建立时间余量 slack＝数据到达时间－数据需求时间，slack 必须要为正数，才能满足时序收敛的要求，整个设计才是可靠的。

理解上述概念，是时序分析与约束的基础，也是进行 FPGA 可靠性设计的基本能力，只有深入分析了数据信号在 FPGA 传播的过程以及稳定传输的原理，才能设计出合理的工程。

### 3.6.4　时序约束及改善时序的办法

了解了时序分析的重要性和基本理论后，我们深刻认识到时序就是 FPGA 的生命。在实际工程开发中，无论使用的是哪个编译器，都无法知道你选用的时钟频率是多少，哪个路径需要加什么约束，如果不进行约束，编译器分析综合出来的时序结果可能就不满足要求。

因此，本节主要介绍航天领域产品使用最多的 Microsemi 公司的 FPGA 及开发工具 Libero、Synplify 以及 Designer（见图 3 - 30），开发时如何进行时序约束。

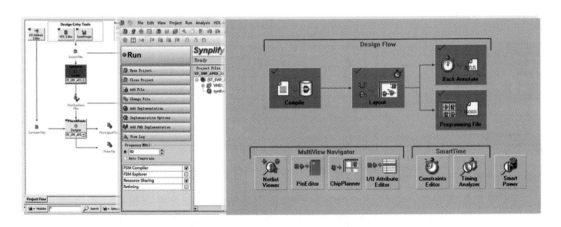

图 3 - 30　开发工具

进行工程开发前，应该对所选芯片有所了解，主要从手册中了解以下内容：

1）FPGA 器件资源情况（见图 3 - 31）；

2）不同速度等级器件对时序的影响情况；

3）时序逻辑资源、组合逻辑资源和内部 RAM 资源的降额要求（航天产品一般是 80％）。

对要使用的 FPGA 器件有所了解后，接下来就是进行时序约束。

1）选择正确的芯片型号以及速度等级。一般而言，同一款芯片有不同的速度等级，速度等级对时序影响很大，速度等级一般有 std、－1、－2 几个等级（见图 3 - 32），其中 －2 等级的芯片速度最快，不同等级时序速度差距约为 10％～15％。设计项目时，建议 FPGA 软件设计师提前与硬件设计师沟通，明确速度等级。

| Device | AX125 | AX250 | AX500 | AX1000 | AX2000 |
|---|---|---|---|---|---|
| Capacity (in Equivalent System Gates) | 125,000 | 250,000 | 500,000 | 1,000,000 | 2,000,000 |
| 　Typical Gates | 82,000 | 154,000 | 286,000 | 612,000 | 1,060,000 |
| Modules | | | | | |
| 　Register (R – cells) | 672 | 1,408 | 2,688 | 6,048 | 10,752 |
| 　Combinatorial (C – cells) | 1,344 | 2,816 | 5,376 | 12,096 | 21,504 |
| 　Maximum Flip – Flops | 1,344 | 2,816 | 5,376 | 12,096 | 21,504 |
| Embedded RAM/FIFO | | | | | |
| 　Number of Core RAM Blocks | 4 | 12 | 16 | 36 | 64 |
| 　Total Bits of Core RAM | 18,432 | 55,296 | 73,728 | 165,888 | 294,912 |
| Clocks (Segmentable) | | | | | |
| 　Hardwired | 4 | 4 | 4 | 4 | 4 |
| 　Routed | 4 | 4 | 4 | 4 | 4 |
| PLLs | 8 | 8 | 8 | 8 | 8 |
| I/Os | | | | | |
| 　I/O Banks | 8 | 8 | 8 | 8 | 8 |
| 　Maximum User I/Os | 168 | 248 | 336 | 516 | 684 |
| 　Maximum LVDS Channels | 84 | 124 | 168 | 258 | 342 |
| 　Total I/O Registers | 504 | 744 | 1,008 | 1,548 | 2,052 |
| Package | | | | | |
| 　CSP | 180 | | | | |
| 　PQFP | | 208 | 208 | | |
| 　BGA | | | | 729 | |
| 　FBGA | 256,324 | 256,484 | 484,676 | 484,676,896 | 896,1152 |
| 　CQFP | | 208,352 | 208,352 | 352 | 352 |
| 　CCGA | | | | 624 | 624 |

图 3 - 31　器件资源情况

2）扇出影响时序质量。设计中，扇出设置不能太大，查看综合报告，查哪些信号扇出比较大，一般而言，某个信号后端驱动的信号越多，扇出越大，比如时钟信号、复位信号，在硬件设计时一般将时钟引脚和复位引脚接在 FPGA 的高速时钟接口区域。对于扇出大的复位信号，也可以采用寄存器复制的办法，将同一个复位信号复制成多个信号，再作为其他模块的复位信号，这样相当于分解了复位信号的扇出压力，如果扇出太大又不走全局时钟资源，那么对时序的影响是致命的。

3）对时钟频率进行约束。具体约束成多少 MHz 时钟频率，是根据 FPGA 硬件产品所选用的晶振频率大小而定的，假设晶振选用的是 50 MHz，按照 80% 时序降额要求，因此使用 Synplify 工具分析综合时，需要将时钟约束成 62.5 MHz 及以上。如果不进行约束，Synplify 工具会给个默认的时钟频率，这个频率可能会导致分析综合的时序不满足要求。

4）查看时序报告（见图 3 - 33），分析关键路径。

如图 3 - 33 所示，查看综合报告时，重点关注时序情况和资源使用情况，时序不满足时，分析综合报告给出的关键路径，可以用图 3 - 34 来说明，假设总共有 3 条路径，时序

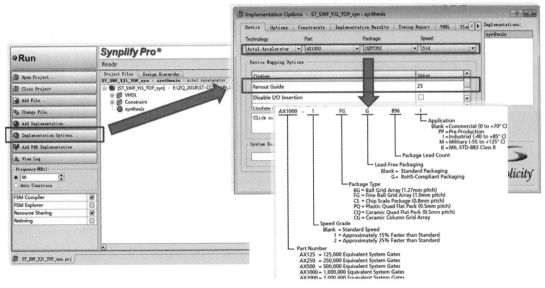

图 3 - 32　器件选择及扇出设置

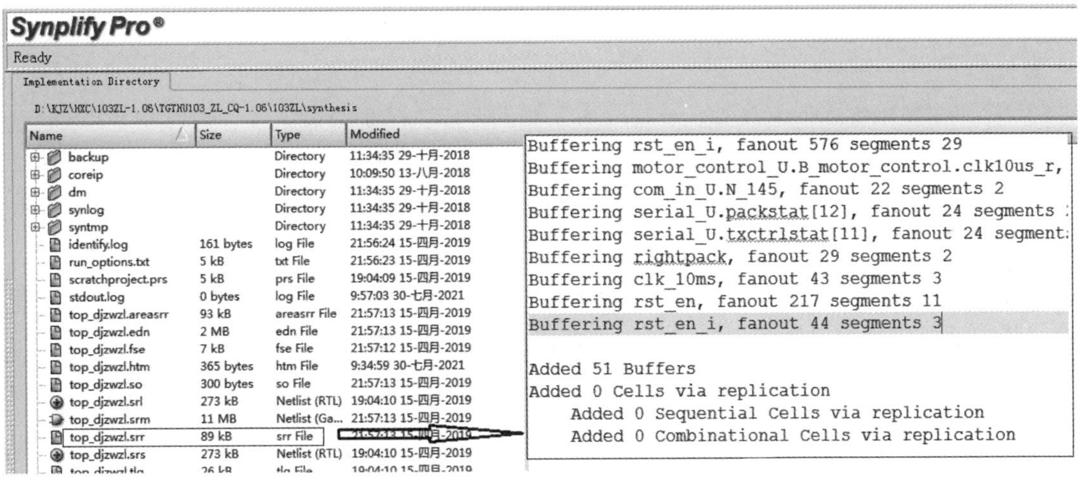

图 3 - 33　查看综合报告

最高能跑多少取决于延时最长的路径，即关键路径 3。找到时序跑不上去的原因就是关键路径延时太长，接下来就是对关键路径进行时序约束或者改善设计。

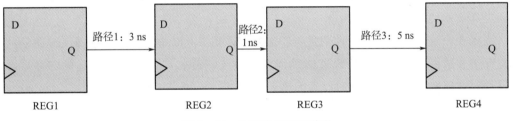

图 3 - 34　关键路径原理说明

　　5）改善设计或给关键路径添加时序约束。改善设计是一件比较麻烦的事情，尤其是在航天产品中，如果项目进展到了鉴定件或者正样件阶段，想要更改设计，是非常麻烦和高风险的，最好在项目开始之前写代码时牢记一些容易使时序质量变差的坏习惯。下面归纳梳理出了一些最常见的影响时序质量的坏习惯：

　　a）多层 if 条件语句嵌套使用，导致一条路径中存在多个逻辑判断，导致组合逻辑延时过长。

　　b）if 语句中的条件，能写"=="的尽可能不要用"<"或者">"。

　　c）数据位宽比较多时，最好使用多周期路径约束，比如两个或多个 32 位数据相加减，必要时可以拆成多个 8 位的数据进行计算。

　　d）尽可能多地使用状态机，少使用 if 条件语句。

　　e）尽可能不要出现对某个寄存器操作后赋值给自己的情况。

　　f）使用移位加减替代乘除法运算。一定要使用多位数据乘除法时，需要在设计中等待几个时钟周期再取结果，并且添加多周期路径约束。因为 1 个时钟周期很难完成计算的话，时序质量容易受到影响。

　　g）设计程序时，分析出哪些路径是关键路径，在关键路径中插入寄存器。这种办法会增加设计的时滞，使得结果输出会延长几个时钟周期，但是可以有效解决关键路径时序不满足的问题。

　　h）对于扇出较大的寄存器，采用逻辑复制的办法，减小扇出。

　　i）尽可能在整个设计中只使用一个主时钟，一个时钟沿，主时钟走全局时钟网络。避免采用多个时钟，而使用触发器的使能端来解决时序设计。时钟的最大扇出应满足芯片的要求。

　　j）避免使用 FPGA 内部产生的信号作为时钟；如需使用，建议使用 FPGA 的时钟管理单元完成外部输入时钟的倍频、降频或者相位变化等处理。

　　k）避免使用组合逻辑时钟或门控时钟。因为组合逻辑很容易产生毛刺，用组合逻辑的输出作为时钟很容易使系统产生误动作。

　　6）当上述几步还是无法满足时序要求时，应该考虑使用多周期路径约束，综合过程中勾选 Retiming 选项提高时序。什么是多周期路径约束？假设 A 寄存器输出的数据要被 B 寄存器捕获，中间的组合逻辑运算较多，导致无法在 1 个时钟周期内完成这么多逻辑计算，这就容易导致数据传输失败，即时序质量不满足，此时，需要添加多周期路径约束，告诉编译器，路径 A 到路径 B 需要分配多个时钟周期再去取数据，如图 3-35 所示，是用综合工具设置的多周期路径。

　　或者在 *_syn_sdc 约束文件中进行添加约束。图 3-35 中，只需要选择关键路径的起始寄存器和结束寄存器，然后设置时钟周期个数（Cycles），确保设计中起始寄存器之间等待的时钟周期个数大于约束时设置的周期数即可。

　　7）分析综合后，时序满足了，对于反熔丝芯片，布局布线后也可能时序不满足，此时应该查看静态时序分析报告（见图 3-36），确保时序满足。反熔丝芯片布局布线时，为

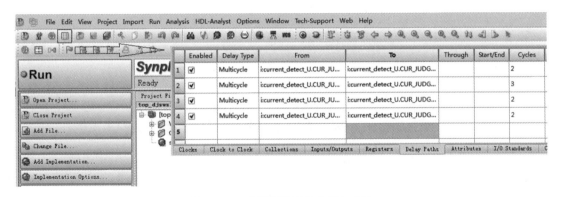

图 3 - 35　多周期路径约束添加方法

了让时序满足，可以勾选多次布局布线（3～5 次），因为每次布局布线结果不一样，多次
布局布线后可以筛选最好的时序结果。

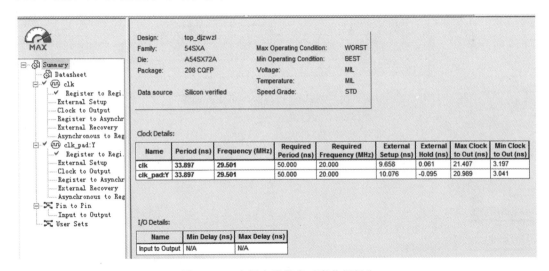

图 3 - 36　布局布线静态时序分析报告

如图 3 - 37 所示，可以查看每条路径的时序延时情况，并且根据时序公式进行计算，
其中 Required：时钟约束＋时钟延迟－元器件库中 D 触发器的建立时间[（20＋3.787－
0.314)ns＝23.473 ns]，Arrival＝Delay＋时钟延迟[16.412 ns＝（12.625＋3.787）ns]，
Slack＝Required－Arrival[7.061 ns＝（23.473－16.412）ns]，确保 Slack 为正，时序才
满足。

综上所述，时序分析与时序约束的重要知识点梳理如图 3 - 38 所述。

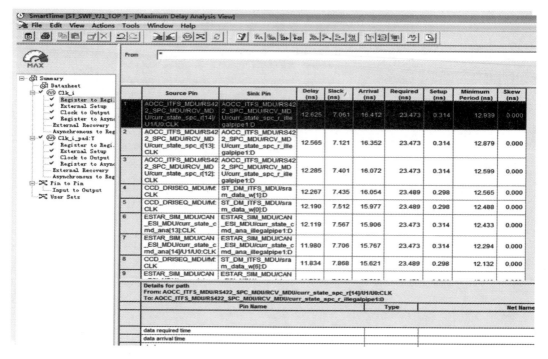

图 3-37　布局布线静态时序分析报告

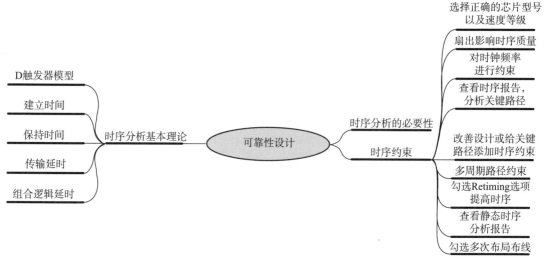

图 3-38　时序基本理论梳理

# 参 考 文 献

［1］ 朱娜，张金保，王志强 . EDA 技术实用教程［M］. 北京：人民邮电出版社，2012.

［2］ 韩彬，于潇宇，张雷鸣 . FPGA 设计技巧与案例详解［M］. 北京：电子工业出版社，2018.

［3］ 李宪强 . FPGA 项目开发实战讲解［M］. 北京：电子工业出版社，2015.

［4］ 吴厚航 . 深入浅出玩转 FPGA［M］. 北京：北京航空航天大学出版社，2017.

［5］ 徐文波，田耕 . Xilinx FPGA 开发实用教程［M］. 2 版 . 北京：清华大学出版社，2015.

# 第4章　抗单粒子翻转技术

## 4.1　空间辐照对 FPGA 的影响

大气层外的宇宙空间中包含大量的高速高能的各种带电粒子、等离子体。这些带电粒子或等离子体会引起空间辐射效应，空间辐射效应会产生单粒子效应，对器件造成可恢复的或永久性的破坏[1-3]。

图 4-1 所示为高能粒子击穿 PN 结造成逻辑翻转[3]，假定初始状态为源极与漏极之间断开（逻辑'0'），当高能粒子以一定的角度入射 PN 结，并击穿源极与漏极，形成电荷在源极与漏极的转移通道，即源极与漏极导通（逻辑'1'），届时就会形成逻辑的 0/1 翻转。而 FPGA 由大量的 PN 结及连接线组成，因此，宇航用 FPGA 极容易由于单粒子翻转造成功能错误或系统失效。

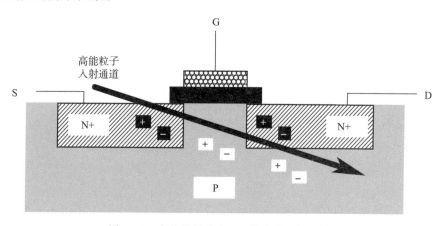

图 4-1　高能粒子击穿 PN 结造成逻辑翻转

在多种单粒子效应中，数字逻辑器件 FPGA 的基本结构决定了空间辐照对它的主要影响就是单粒子翻转。随着高能粒子入射 PN 结的角度变化，可能导致一个或相邻的多个 PN 结翻转，从而造成数字逻辑的 1 个或多个数据位发生逻辑 0/1 翻转，但由于带电粒子入射后的能量衰减，发生多数据位单粒子翻转的概率是很小的。

考虑到宇航用 FPGA 的可靠性、抗辐射能力不同，航天型号可用 FPGA 芯片的类型主要有反熔丝型、SRAM 型和 FLASH 型三大类。常用 FPGA 类型的优缺点见表 4-1。

FPGA 芯片的选用需综合考虑航天器件的厂商、供货渠道、芯片主要参数、外围器件、成本等因素，有高可靠要求时建议选用反熔丝型 FPGA，其次为 SRAM 型 FPGA，FLASH 型 FPGA 选用较少。

表 4－1 常用 FPGA 类型及其优缺点比较

| FPGA 类型 | 优点 | 缺点 | 代表厂商 |
|---|---|---|---|
| 反熔丝型 | 上电即运行，无配置时间<br>无需外部配置芯片 | 一次性编程<br>可维修性差 | Microsemi |
| SRAM 型 | 可重复编程，资源多<br>工艺技术成熟，使用广泛 | 上电需要配置时间<br>需外部配置芯片<br>配置时存在翻转的可能 | Xilinx |
| FLASH 型 | 可重复编程<br>上电配置时间较短<br>无需外部配置芯片<br>配置时发生翻转的概率低 | 栅极被破坏，将导致设计损坏 | Microsemi |

## 4.2 常用抗单粒子翻转技术

单粒子效应对不同的器件会造成不同影响，有的是对集成电路造成永久的物理性破坏，如造成过热引发器件损坏等，这些物理失效称为硬错误，是不可恢复的。与之相对的为软错误，其引发的错误诸如时序逻辑的单粒子翻转、组合逻辑的单粒子瞬态脉冲等，此类错误会随着集成电路逻辑单元的刷新、逻辑位的正常变化等而恢复正常[4-5]。

针对由单粒子效应造成的 FPGA 逻辑翻转等可恢复的软错误，我们根据 FPGA 类型和硬件设计方案，可通过多种方法恢复 FPGA 的正常功能。最常见的方法有：三模冗余（TMR）、刷新、重构、编码容错等。表 4－2 列出了常见的 FPGA 抗单粒子翻转的解决方案及其优缺点[6]。对于专用 SOC 芯片则可以对一些关键部分进行有针对性的 SEU 防护设计，对面积、功耗、速度等进行综合优化[7]。

表 4－2 常见的 FPGA 抗单粒子翻转的解决方案及其优缺点

| 解决方案 | 优点 | 缺点 |
|---|---|---|
| 三模冗余 | 实现简单，可有效纠正单点错误 | 资源开销大，功耗大 |
| 刷新 | 实现简单，可靠性高 | 刷新时影响正常使用 |
| 重构 | 局部动态重构不影响系统运行 | 可能需要较长时间，动态重构设计复杂 |
| 编码容错 | 可以检错并纠正，可靠性高 | 编码实现复杂，应用有局限 |

### 4.2.1 三模冗余

冗余设计作为航天设计中最常用到的可靠性技术，其基本构成方式就是把需要可靠性设计的模块复制相同的多份，然后对各复制模块的输出进行判断，并得到正确输出结果。进行可靠性设计的 FPGA 逻辑单元所复制的逻辑部分与原有的逻辑部分，从组成细节到完成的功能都是完全相同的，在未发生诸如单粒子翻转等错误情况下，这些冗余复制的多个逻辑备份的输出具有完全相同的输出，当比较判断发现应该相同的输出并不完全相同时，就要根据少数服从多数的原则，以相同者多的输出结果确定为正确输出结果。

　　FPGA 中最常见的硬件冗余设计就是三模冗余（Triple Modular Redundancy，TMR），需要可靠性设计的模块复制相同的三份同时完成同一个功能，只要有两个模块输出相同，就能掩盖出错模块的错误输出，图 4 - 2 所示为三模冗余的基本结构[8-9]。三模冗余设计的理想假设前提是冗余的三个模块有两个或三个同时发生错误的概率远小于其中一个模块单独发生错误的概率。在概率论中，冗余备份的三个模块发生错误的事件是相互独立的，我们假定相同的三个模块每个模块独立发生错误的概率为 $1/n$，则两个模块同时发生错误的概率为 $(1/n)^2$，三个模块同时发生错误的概率为 $(1/n)^3$。我们知道，经过航天器整体抗辐加固后的 FPGA，其一个模块发生错误的概率 $1/n$ 虽然不可以忽略，但两个或三个同时发生错误的概率 $(1/n)^2$，$(1/n)^3$ 却是远小于一个模块发生错误的概率的，基本可以忽略不计或用相应的方法进行进一步抗辐加固，因而 TMR 可以大幅度提高 FPGA 在宇宙空间辐照影响下的可靠性[10-11]。

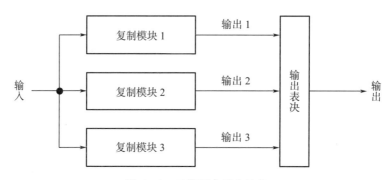

图 4 - 2　三模冗余基本结构

　　三模冗余的实现过程简单且直接，设计者按正常设计流程完成 FPGA 数字系统的功能设计及验证后，对需要可靠性设计的模块或寄存器等关键逻辑的部分或全部使用 FPGA 厂商的相应工具进行三模冗余设计，如 Xilinx TMRTool。由于三模冗余对多数错误的纠正极其有效，因而，三模冗余在抗单粒子翻转实践中得到了广泛使用。

　　三模冗余的基本结构的输出通过多数服从少数原则完成对错误的输出屏蔽，其仍存在以下不足之处[12]：

　　1）无错误逻辑检测功能，且不能恢复错误逻辑；

　　2）只对单个错误有效，两个错误同时出现时将输出错误结果；

　　3）表决器无可靠性设计，表决器本身可能单粒子翻转；

　　4）三模冗余逻辑部分的逻辑资源消耗、布线资源消耗、功耗成倍数增加；

　　5）影响 FPGA 时序收敛。

　　三模冗余设计提高 FPGA 系统可靠性的同时，是以资源的急剧消耗、功耗的增加为代价的。航天器成本极高，且供电紧张，因而有必要在可靠性、成本、功耗各方面综合考虑，在满足其他要求的情况下，使用改进的三模冗余设计，规避常规三模冗余的缺点，在提高设计可靠性的同时降低系统设计要求和成本。

　　改进的三模冗余从节省资源方面有部分三模冗余，从改进可靠性方面有时间三模冗余、分层三模冗余等[9,12,13]。

### 4.2.1.1　时间三模冗余

对 FPGA 而言，如果单粒子瞬态产生的脉冲电压发生在时针采样时刻，就可能产生竞争冒险，产生一个毛刺，并在逻辑电路中传播，从而引发错误，这种错误可以通过时间冗余方法予以屏蔽。

时间冗余从错误翻转传输的时间顺序出发考虑，同一个输入，在时钟的触发下通过三个或更多的 D 触发器（DFF）依次寄存多次，同一时刻，有且仅有一级寄存器的结果是错误的，而其余各级的寄存结果则是正确的，因而多数表决器的正确输入的个数是多于瞬态错误的个数的，从而经过表决器输出后可屏蔽错误。时间冗余方法需要时序控制，防止传输过程中产生的瞬态翻转错误的同时会对输出结果产生一定的时钟延迟。图 4-3 为时间三模冗余结构图[9]。

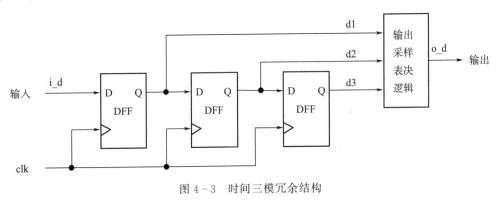

图 4-3　时间三模冗余结构

使用 VerilogHDL 语言可描述如下：

```
reg   d1 ;
reg   d2 ;
reg   d3 ;

always @ (posedge clk or negedge rst_n)
    if( !rst_n)
        begin
            d1 <= 1'b0 ;
            d2 <= 1'b0 ;
            d3 <= 1'b0 ;

            o_d <= 1'b0 ;
        end
    else
```

```
        begin
            d1 < = i_d ;
            d2 < = d1 ;
            d3 < = d2 ;

            o_d < = ( d1 & d2)| ( d1 & d3)| ( d2 & d3) ;
        end
```

图 4 - 4 所示为时间三模冗余屏蔽瞬态翻转时序图。由于瞬态时间短，其引发的逻辑翻转只在一个 D 触发器中寄存，其余两个 D 触发器寄存正确的数据，经过多数表决后仍为正确的数据。如果瞬态时间较长，超过了一个时钟宽度，就需要增加时间冗余的 D 触发器个数，或者采用其他方法保证数据的正确传输。

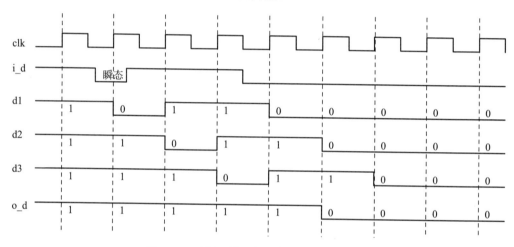

图 4 - 4　时间三模冗余屏蔽瞬态翻转时序图

### 4.2.1.2　分层三模冗余

大面积复杂度高的 FPGA 设计发生多个比特位同时翻转的可能性变大，因而有必要在需要可靠性设计时，对复杂逻辑进行层次划分，使其在功能上为独立的子模块，然后对各子模块独立地进行三模冗余，这样整体的三模冗余就变换成了具有层次结构的分层三模冗余，层级之间通过表决器进行容错隔离。小面积复杂度低的逻辑部分发生多比特位单粒子翻转的可能性大大降低，而且当一个层级发生单粒子翻转时，本层级表决器可屏蔽其错误逻辑，不影响 FPGA 整体设计的可靠性。因而分层三模冗余设计方法，可以抗独立多位单粒子翻转（Multiple Independent Upsets，MIUs），极大提高系统可靠性[13-14]。文献 ［15］表明，如果对各层级进行独立划分，使各独立层次具有相同的可靠性，则整个系统可得到最高的可靠性。

在分层三模冗余中，表决器作为独立的功能部分独立出来，以是否对表决器本身再次进行三模冗余划分，就有了单表决器分层三模冗余和多表决器分层三模冗余的区别[13]。

图 4 - 5 所示为分层三模冗余的基本结构。

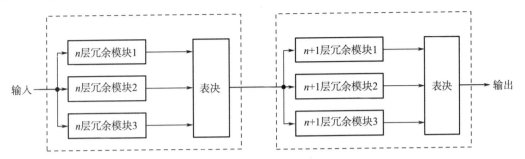

(a) 单表决器结构

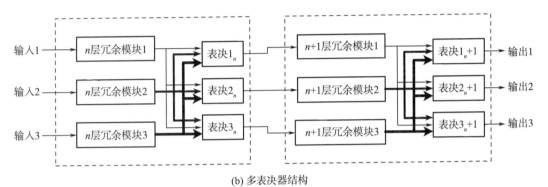

(b) 多表决器结构

图 4 - 5　分层三模冗余的基本结构

Xilinx 的 XTMR 为多表决器的三模冗余结构,逻辑结构实现如图 4 - 6 所示。其设计实现方法为[16]:

1) 输入信号、时钟、组合逻辑冗余三次;

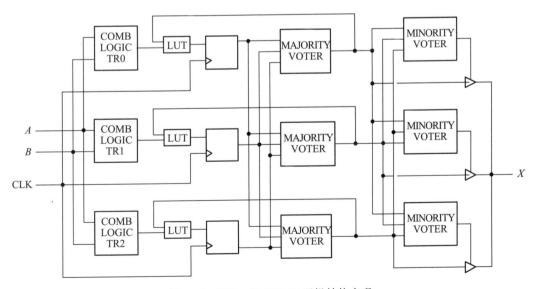

图 4 - 6　Xilinx 的 XTMR 逻辑结构实现

2）多数表决器冗余三次；

3）多数表决器的输出反馈时序逻辑冗余三次；

4）多数表决器的输出再次表决的多数表决器冗余三次。

XTMR 的使用过程包括三大步骤[17]。

（1）Pre‐XTMP Project

在完成 ISE 工程的设计和仿真后，如果使用的是 Xilinx 综合工具（XST）综合 ISE 工程，并且设计中没有使用实例化黑盒和内核，那么 XTMR 通过 XST 产生的 .ngc 文件作为输入文件。如果使用第三方工具综合，或者设计中有使用实例化黑盒和内核，就必须通过 ISE 工程产生 .ngo 文件来作为 XTMR 的输入文件。表 4‐3 是 XTMR 不同输入文件类型及其生成工具、默认目录等。

表 4‐3　XTMR 不同输入文件类型及其生成工具、默认目录

| 扩展名 | 生成工具 | 默认目录 | 文件描述 |
|---|---|---|---|
| .ngc | XST | ISE 工程目录 | 本地通用数据库文件 |
| .ngo | NGDBuild | ISE 工程目录、_ngo 子目录 | 本地通用数据库文件 |

（2）TMRTool Project

生成 TMRTool 工程，导入本地通用数据库文件，一旦设计导入了 TMRTool 工具，XTMR 设计就生成并输出 EDIF 格式的网表文件。因 EDIF 文件描述了整个工程的所有连接关系，EDIF 将作为 XTMR ISE 工程的起点。

（3）Post‐XTMP Project

新建 ISE 工程，并将第（2）步中的 XTMR 的 EDIF 网表文件作为输入文件，然后再产生 XTMR 设计比特流文件。图 4‐7 所示为 TMRTool 设计流程。

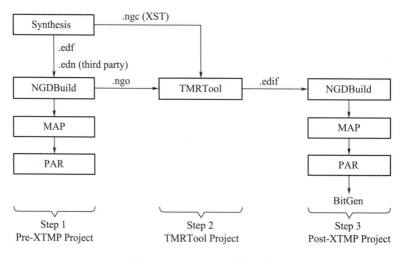

图 4‐7　TMRTool 设计流程

### 4.2.1.3　多数表决器

多数表决器是三模冗余的关键部分，其依据"少数服从多数"原则表决最终输出结果。多数表决器由三个 2 输入的与非门和一个 3 输入的与非门构成，三模冗余多数表决器如图 4-8 所示[8]。

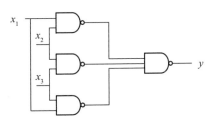

图 4-8　三模冗余多数表决器

三模冗余多数表决器的逻辑方式表达式为

$$y = \overline{\overline{x_1 x_2} \cdot \overline{x_1 x_3} \cdot \overline{x_2 x_3}} = x_1 x_2 + x_1 x_3 + x_2 x_3 \tag{4-1}$$

对应的真值表见表 4-4。

表 4-4　真值表

| $x_1$ | $x_2$ | $x_3$ | $y$ |
|---|---|---|---|
| 0 | 0 | 0 | 0 |
| 0 | 0 | 1 | 0 |
| 0 | 1 | 0 | 0 |
| 0 | 1 | 1 | 1 |
| 1 | 0 | 0 | 0 |
| 1 | 0 | 1 | 1 |
| 1 | 1 | 0 | 1 |
| 1 | 1 | 1 | 1 |

对应的卡诺图见表 4-5。

表 4-5　卡诺图

| $x_1$ ＼ $x_2 x_3$ | 00 | 01 | 11 | 10 |
|---|---|---|---|---|
| 0 | 0 | 0 | 1 | 0 |
| 1 | 0 | 1 | 1 | 1 |

　　从上述分析可以看出，只要最终的输出是以三个冗余模块相同的输出结果的多数决定的，如果多数的输出结果本身是正确的，那么表决器输出就是正确的，就可以屏蔽一位单粒子翻转的错误；如果多数的输出结果本身是错误的，也就是发生了两位或三位单粒子翻转错误，此时表决器输出是错误的，即不能屏蔽多位单粒子翻转的情形。

　　表决器的多位单粒子翻转情形在宇宙空间是有可能发生的，虽然这个概率极小，故有必要对表决器本身也进行三模冗余，如 Xilinx 的 XTMR 结构的多表决器分层三模冗余结构，对多数表决器也进行了三模冗余，以进一步提高抗单粒子翻转性能。

## 4.2.2　重配置容错

　　FPGA 重配置容错是指对发生逻辑错误的可编程 FPGA 的全部或部分逻辑进行重新配置，消除已发生逻辑错误。该技术不同于三模冗余通过增加相同冗余逻辑提高航天系统中 FPGA 逻辑输出的可靠性，其只需要重配置 FPGA 外部脉冲指令或内部增加少量的判断逻辑即可完成错误的检查和纠正。当然，重配置是需要时间的，在配置时间窗口内，航天器系统可能不能容忍配置时数据不可用的情形，因而重配置技术应用范围是受限的。

　　在 FPGA 热机双备份同时工作的情况时，如果某个 FPGA 发生了翻转，则可以仲裁其进行重配置，另一个 FPGA 正常工作。更多同时备份的情形，则可进一步提高系统可靠性。

　　常用的重配置技术根据是否需要判别分为无须判别的定时刷新和需要判别的回读判别刷新，根据是否需要额外的控制信号分为外控刷新和自主刷新，根据是否全部配置分为全局重构和部分重构。

### 4.2.2.1　定时刷新

　　定时刷新是指不判断 FPGA 是否发生了翻转，仅周期性地定时对 FPGA 配置区进行数据配置操作，刷新过程中不会中断当前用户功能，但如果 FPGA 中有存储当前用户计算的实时数据，则不能使用全局的定时刷新，只能选择部分逻辑的定时刷新。另外，如果 FPGA 刷新时间过长，在空间环境恶劣时，也可能无法及时消除单粒子翻转的影响[18]。如图 4-9 所示，FPGA 从 SRAM 读取的对某些寄存器进行初始化的固定参数，因其在整个上电运行过程中，不会发生修改，因而可以使用定时刷新策略防止单粒子翻转。

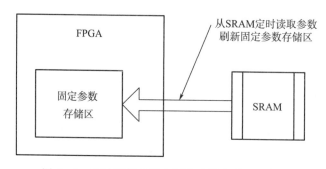

图 4-9　定时刷新 FGPA 固定参数存储区示意图

如果设定时刷新时间为 $t$，则可用函数 $A(t)$ 表示整个系统的可用性[19-20]

$$A(t) = \frac{\text{MUT}}{t + \text{MTTR}} = \frac{1 - e^{-N\lambda t}}{N\lambda(t + \text{MTTR})} \qquad (4-2)$$

$$\text{MTTR} = \frac{C_{bs}}{BF_{clk}} \qquad (4-3)$$

式中　MUT——系统平均正常工作时间（Mean Up Time）；

$\quad$ MTTR——平均修复时间（Mean Time To Repair）；

$\quad \lambda$ ——器件的单比特翻转率；

$\quad N$ ——配置存储器容量；

$\quad B$ ——配置接口的总线宽度；

$\quad F_{clk}$ ——配置时钟频率；

$\quad C_{bs}$ ——配置数据比特数量（Configuration bits）。

根据可用函数 $A(t)$ 公式，其最大可用性对应的刷新周期时间 $t$ 的近似解 $t_0$ 为

$$t_0 = \sqrt{\frac{2\text{MTTR}}{N\lambda}} \qquad (4-4)$$

当给定系统可用性 $A(t)$ 的取值后，则可求得定时刷新时间的取值区间。

如令 $A(t) = a$，则有

$$a = \frac{1 - e^{-N\lambda t}}{N\lambda(t + \text{MTTR})} \qquad (4-5)$$

$$1 - N\lambda a(t + \text{MTTR}) = e^{-N\lambda t} \qquad (4-6)$$

对上式进行泰勒级数展开，近似到 $t$ 的二次项，可得定时刷新时间的最大值和最小值为

$$t_{max} = \frac{1 - a + \sqrt{(1-a)^2 - 2N\lambda_{con}a\text{MTTR}}}{N\lambda_{con}} \qquad (4-7)$$

$$t_{min} = \frac{1 - a - \sqrt{(1-a)^2 - 2N\lambda_{con}a\text{MTTR}}}{N\lambda_{con}} \qquad (4-8)$$

即定时刷新时间的取值范围为 $[t_{min}, t_{max}]$。

### 4.2.2.2　回读判别刷新

回读判别刷新指 FPGA 运行过程中，通过 FPGA 的配置口回读 FPGA 配置存储器中的数据，然后以 CRC 检验算法对数据进行比对，如果发现配置数据有误，则对 FPGA 配置存储器进行部分或全部的重写，即刷新。回读判别刷新包括回读、判别、刷新三步依次递进的操作，刷新操作仅在判别到错误时才进行，因此，这种回读判别刷新方法具有高效性和针对性的特点。

Xilinx 公司 FPGA 可以通过 SelectMap、ICAP 接口，以帧（每帧大小为 $41 \times 32$ bit）为单位进行快速的回读和刷新操作。SelectMap 为外部访问接口，ICAP 为内部访问接口。

外部控制设备通过 SelectMap 口对 FPGA 的配置存储器中的数据进行回读和判断比

对，发现错误后，发起对 FPGA 的配置刷新操作。SelectMap 接口与 FPGA 之间的数据总线是双向通信的，既可以用于配置，又可以用于回读。SelectMap 接口具有主动和被动配置两种模式。主动模式的数据位宽仅可选 8 bit，被动模式的数据位宽可选择 8 bit 或 32 bit。SelectMap 与 FPGA 的通信数据格式为数据帧，每帧配置数据大小为 $41 \times 32$ bit$=1\,312$ bit。

FPGA 内部判断逻辑 ICAP 接口访问 FPGA 自身的配置存储器，然后与运行过程中的逻辑进行对比检测，发生错误后对自身的配置存储器发起自主刷新操作。Virtex - 4 系列 FPGA 三种接口的最大数据带宽见表 4 - 6。表 4 - 6 为 Xilinx 公司的 Virtex - 4 系统 FPGA 两种接口的时钟速率和数据带宽。

**表 4 - 6　Virtex - 4 系统 FPGA 两种接口类型和数据带宽**

| 接口类型 | 最大时钟速率/MHz | 数据位宽/bit | 最大数据带宽/（Mbit/s） |
|---|---|---|---|
| SelectMap | 100 | 32 | 66 |
| ICAP | 100 | 32 | 3 200 |

对比 SelectMap 和 ICAP 两种方式，SelectMap 方式不需要目标 FPGA 内部的判断控制逻辑，目标 FPGA 内部不存在程序多余物，相对来说，实现回读判别刷新更简单可靠，对目标 FPGA 逻辑不产生时序收敛等影响。但 SelectMap 方式相比 ICAP 需要增加额外的刷新控制电路如 FPGA 或专用 ASIC 芯片来进行回读和判断操作，会增加硬件成本[18]。

### 4.2.2.3　定时刷新和回读判别刷新比较

定时刷新每隔固定的时间间隔对 FPGA 配置寄存器进行重配置操作，发生单粒子错误后是不能及时纠正的，错误可能会持续到下一次重配置。由于刷新次数多，可能导致刷新配置时的刷新数据流本身受单粒子翻转影响出错，因而有必要对刷新间隔周期进行合理的配置，并尽量缩短每次刷新配置的时长。定时刷新的刷新判断逻辑电路相对其他重配置方式而言极其简单，仅需要一个产生刷新周期的计时器即可。

回读判别刷新在错误发生后，立即刷新以纠正错误，错误持续时间相对较短，刷新次数少，可以忽略刷新过程带来的重配置数据流的错误问题。回读判别刷新通过 CRC 检验方式对 FPGA 的配置数据进行比对，其仅存储回读帧数据的 CRC 校验值，判断逻辑电路将回读得到的 CRC 检验数据与回读数据相对应的预先存储 CRC 结果进行比对。因此回读判别刷新相比定时刷新，还适用于大逻辑门数的 FPGA。但此方法实现技术难度比定时刷新大，需要设计合理的数据回读控制[9]。

### 4.2.2.4　局部动态可重构技术

局部动态可重构是指在 FPGA 系统上电运行时，在不影响系统正常运行的情况下，通过下载配置比特流文件，实现对 FPGA 某些局部逻辑电路模块的硬件逻辑资源的更改，以实现新的逻辑功能。从功能上看，其改变了当前逻辑电路模块的功能需求；从时间上看，局部逻辑电路模块的输出是连续的；从应用上看，既可用于实现新功能，又可用于恢复逻辑功能故障。当局部动态可重构技术应用于 FPGA 的重配置容错时，则使得 FPGA 系统具备了错误自我修复的功能[21]。

（1）局部动态可重构分类[22]

1）按照重构过程的时刻，分为静态重构和动态重构两类。

2）按照重构单元粒度，分为粗粒度（coarse - grained）可重构和细粒度（fine - grained）可重构两类。

3）按照重构设计方法，分为基于差异的局部动态重构和基于模块的局部动态重构两类。

（2）静态重构

静态重构是指将事先编译准备好的 FPGA 比特流配置文件下载到 FPGA 中，对 FPGA 进行配置，然后 FPGA 持续工作实现所需要的功能。静态重构完成后的上电运行期间不再对 FPGA 进行配置。

（3）动态重构

动态重构是指在 FPGA 工作实现所需要功能期间，根据任务需要，下载不同需求的比特流配置文件，实现对可重构逻辑模块功能的更改或刷新。动态重构在 FPGA 工作期间，可多次下载配置，因而可实现单粒子事件后的错误修复。但动态重构设计复杂，需要设计师考虑重构后的时序同步、数据同步等诸多问题。

动态重构进一步细分为全局动态重构和局部动态重构。

全局动态重构对 FPGA 的所有逻辑电路模块进行重新配置，将实现不同功能的多个不同的比特流配置文件事先存储在 EPROM 中，通过调用不同的比特流配置文件对 FPGA 进行重新配置，以实现不同的功能；调用相同的比特流配置文件对 FPGA 配置刷新，实现对 FPGA 的错误覆盖。全局动态重构的优点是配置相对简单，但配置文件大时，所需配置时间长，可能影响整个系统的正常运转。

局部动态重构仅对 FPGA 的部分模块进行配置刷新，不影响整个 FPGA 系统其他模块的正常运行。局部动态重构的优点是配置文件小，配置速度快，配置灵活，对整个系统的正常运行影响最小。

（4）粗粒度可重构、细粒度可重构

粒度是指可编程逻辑系统中可重构单元处理操作数的最大位宽。

粗粒度可重构结构一般基于实现完整功能需求的算法处理逻辑单元模块，如 Booth 乘法单元模块、CORDIC 单元模块等。一般而言，算法处理逻辑单元的操作数都是以字节为基本单位进行处理的，重构效率相对细粒度更高。

细粒度可重构结构一般基于独立的 FPGA 基础逻辑单元，如触发器、查找表等。对于独立的基础逻辑单元，其操作数一般都以比特位为对象，重构操作效率较粗粒度低，但对应的，重构配置的灵活性更高。

（5）基于差异的局部动态重构[23]

基于差异（difference - based）的局部动态重构设计方法适用于重配置前后比特流文件差异较小的情形。其仅对差异部分进行有针对性的最小化的重配置更改，可极大地减小配置数据文件大小，缩短重配置时间。

使用 Xilinx FPGAEditor 工具在物理设计时可实现基于差异（difference - based）的

局部动态重构，其可以在 FPGA 实现布局布线后，针对 IOB 标准、BRAM 中存储的数据或写入模式、LUT 表的逻辑表达式等硬件逻辑单元进行更改。

这种差异性的重构方法需要 FPGA 芯片设计厂商的技术支持，且需设计师对系统的原设计极其熟悉，对设计技能要求高，因而基于差异的可重构方法仅适用于简单的逻辑电路，应用范围极小。

（6）基于模块的局部动态重构

基于模块的局部动态重构设计方法适用于对某一个完整的逻辑功能单元根据不同需求进行重构时的情形。其事先约束 FPGA 的某个固定区域为可重构单元的布局布线区域，其他区域为固定逻辑功能单元区域，当功能需求改变时，有针对性地对可重构区域下载不同的比特流配置文件进行完整的逻辑功能单元重构。其配置如图 4 - 10 所示。FPGA 的逻辑资源区域被分为不可重构的静态逻辑区域和可重构逻辑区域，通过下载不同的局部比特流重配置文件，可实现在"可重构逻辑区域"实现不同的逻辑功能。通过在 FPGA 工作期间对可重构逻辑区域的配置文件进行更改，可以实现灵活的算法配置。当把 FPGA 易受单粒子影响的逻辑资源区域定义为可重构区域时，即可通过局部动态重构方法实现对错误的纠正。

使用 Xilinx PlanAhead 工具可实现基于模块的局部动态重构设计。Xilinx 公司 Virtex - II，Virtex - IIPro，Virtex - 4 和 Virtex - 5 系列 FPGA 都支持基于模块的局部动态重构设计[24]。

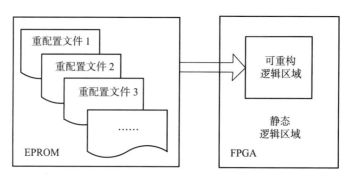

图 4 - 10　局部动态重构示意图

### 4.2.3　编码容错

数字信号传输过程中可能会受到各种各样的突发干扰，在信号接收端（包括 FPGA 的寄存器输入端），如果干扰引发的错误发生在时钟采样数据寄存时刻，则会发生错误逻辑的传递，虽然硬件冗余备份是屏蔽错误最简单且有效的方法，但随之而来的是硬件资源的巨大消耗和能耗的上升，我们可以通过容错编码技术，以较少的资源实现关键信息的正确传输，达到资源、能耗、可靠性的均衡。

我们知道，一个多比特的矢量数据同时发生两位或多位错误的概率是极小的，更多的是发生一位错误，因而我们对数据进行容错编码，以极小的硬件资源为代价，检测并且纠正错误。当然，如果对可靠性要求极高的数据，也可以让容错编码进行多比特位的检测和纠正，但资源和编码检码的复杂度也会随之增加。

### 4.2.3.1　汉明（Hamming）码

对 FPGA 中的矢量数据各数据位进行编码，在矢量数据末尾或中间插入按一定规则产生的监督位（检验位），最终组成具有容错功能的数据编码，即为冗余编码。同时具备检测和纠错能力的编码，为检错纠错编码（Error Detection and Correction，EDAC）。冗余编码技术相比三模冗余技术，具有明显节省 FPGA 逻辑资源的优势，且更适用于寄存器数组一类的整齐数据处理，比如对 FPGA 内部的 Block RAM 中数据的检错纠错等[25]。由于检错纠错需要相应的组合逻辑来实现，会加大原有数据传输路径的时延，影响整个 FPGA 系统的时序收敛。

目前，有许多不同的编码方案可用于检错纠错，如汉明码、RM 码、BCH 码、网格码等，抗单粒子翻转较常用的是汉明码，其具有纠一检二能力，适用于单粒子翻转引起 FPGA 数据的一位数据翻转错误的检查和纠正。

汉明码是分组码的一种，首先把要冗余编码的数据按设计的编码规则分组，比如，要设计成 $[n，k]$ 线性分组码，就把需要编码的数据按每 $k$ 个数据（码元）分成一段（一段数据称为信息组），然后对每一段数据进行独立的编码。根据冗余编码规则，每个信息组将产生对应的 $n-k$ 个监督码元，原有的 $k$ 个码元与新产生的 $n-k$ 个监督码元组装在一起形成的新数据，就称为 $[n，k]$ 线性分组码的一个码字。由于信息组有 $k$ 个码元，有 $2^k$ 种排列方式，因而 $[n，k]$ 线性分组码就有 $2^k$ 个码字。

每个码字 $C$ 中，数据 1 的个数，称为汉明重量（Hamming Weight），简称为码重，记为 $w(C)$。两个不同的码字 $C_1$、$C_2$ 之间，不同的比特位数量，称为这两个码字的汉明距离（Hamming Distance），简称码距，记为 $d(C_1，C_2)$。根据码重和码距的定义，我们可以得到 $d(C_1，C_2)=w(C_1)-w(C_2)=w(C_1-C_2)$。至此，我们就可以考虑汉明码的检错纠错能力了。码字差异越大，也即最小码字越大，抗干扰的检错纠错能力就越强[26]，一组 $[n，k]$ 线性分组码的检错纠错能力由其所有码距中的最小码距决定，最小码距记为 $d_{min}$。检错纠错与最小码距的关系为：

1）检测 $e$ 个错误的最小码距为 $d_{min} \geqslant e+1$。

2）纠正 $t$ 个错误的最小码距为 $d_{min} \geqslant 2t+1$。

3）检测 $e$ 个错误的同时纠正 $t$ 个错误的最小码距为 $d_{min} \geqslant e+t+1(e>t)$。

图 4-11 用集合的方式直观展示了汉明码检错纠错的最小码距要求。

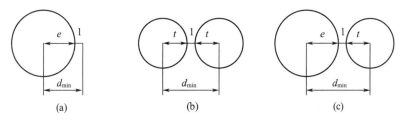

图 4-11　汉明码检错纠错的最小码距要求

由图 4-11 可知，汉明码如果要纠正一个错误，其必须有最小码距 $d_{min}=3$，即可检测 1 个错误纠正 1 个错误。令 $m=n-k$，对于任意正整数 $m \geqslant 3$，字长为 $n$ 的汉明码字，其结构参数为：

　　码长：$n=2\hat{\ }m-1$；

　　信息位数：$k=2\hat{\ }m-1-m$；

　　监督位数：$m=n-k$；

　　最小码距：$d_{\min}=3(e=1,\ t=1)$；

汉明不等式：设要进行检测的二进制代码为 $k$ 位，需要加上 $m$ 位监督检测位，组成 $n$ 位汉明码字，那么 $m$ 就满足：$2\hat{\ }m-1 \geqslant n$，也即 $m$ 位监督检测位必须能够包括在 $n$ 位码字中，不然码字就找不到位置放某些监督检测位，当然也就称不上 $m$ 位监督检测位。

（1）汉明码的编码规则

1）码字的第 $2\hat{\ }(x-1)(x=1,2,\cdots,m)$ 位为监督位，其作为信息位；

2）码字预处理：监督位预置 0，信息位从左往右依次填入 $k$ 位信息组的码元。

表 4-7 为 [7,4] 汉明码 "0101" 的监督位（预处理 '0'）和信息位。

表 4-7　监督位和信息位

| 特征 | 监督位 | 监督位 | 信息位 | 监督位 | 信息位 | 信息位 | 信息位 |
| --- | --- | --- | --- | --- | --- | --- | --- |
| 位置 | 1 | 2 | 3 | 4 | 5 | 6 | 7 |
| 码元 | '0' | '0' | 0 | '0' | 1 | 0 | 1 |

3）第 $x$ 位监督位的编码方式：从码字的第 $2\hat{\ }(x-1)$ 位（即第 $x$ 位监督位）开始，按字长 $2\hat{\ }(x-1)$ 对监督位右边（含监督位）的剩余码元分段，分段编号 $s$ 从 1 开始，所有奇数编号的段所包含的码元进行异或（即偶校验）即为第 $x$ 位监督位的值。由此可知第 $x$ 位监督位所需要的码元分段在码字中的起始位置为 $(2s-1)x$。如：

第 1 位监督位：从码字第 $2\hat{\ }0$ 位开始，按字长 $2\hat{\ }0$ 分组，计算监督位所需要的码元位置为：1；3；5；7；9；…

第 2 位监督位：从码字第 $2\hat{\ }1$ 位开始，按字长 $2\hat{\ }1$ 分组，计算监督位所需要的码元位置为：2，3；6，7；10，11；14，15；…

第 3 位监督位：从码字第 $2\hat{\ }2$ 位开始，按字长 $2\hat{\ }2$ 分组，计算监督位所需要的码元位置为：4，5，6，7；12，13，14，15；…

以此类推。

表 4-8 为监督位计算所需要码元的分布。

表 4-8　监督位计算所需要码元的分布

| 码元位置 | 1 | 2 | 3 | 4 | 5 | 6 | 7 | 8 | 9 | 10 | 11 | 12 | 13 | 14 | 15 |
| --- | --- | --- | --- | --- | --- | --- | --- | --- | --- | --- | --- | --- | --- | --- | --- |
| 第 1 位监督位 | ● | | ● | | ● | | ● | | ● | | ● | | ● | | ● |
| 第 2 位监督位 | | ● | ● | | | ● | ● | | | ● | ● | | | ● | ● |
| 第 3 位监督位 | | | | ● | ● | ● | ● | | | | | ● | ● | ● | ● |
| … | | | | | | | … | | | | | | | | |

从表 4-8 可以归纳出另一种编码思路：

在码字预处理后，将所有码元位置编号转换成二进制编码"xxxx"，第 $x$ 位监督位为码元位置二进制编码的第（$x-1$）位为 1 的所有码元的异或（即偶校验）。如：

第 1 位监督位为码元位置编码为"xxx1"的所有码元的异或（即偶校验）；

第 2 位监督位为码元位置编码为"xx1x"的所有码元的异或（即偶校验）；

第 3 位监督位为码元位置编码为"x1xx"的所有码元的异或（即偶校验）；

以此类推。

表 4-9 为 [7, 4] 汉明码"0101"汉明码编码"010 _ 0101"。

再如，根据汉明不等式及汉明码的编码规则，信息组"1 _ 0101"需要 4 位监督位，其汉明码编码为"0 _ 0110 _ 1011"，见表 4-10。

**表 4-9　"0101"的汉明码编码**

| 特征 | 监督位 | 监督位 | 信息位 | 监督位 | 信息位 | 信息位 | 信息位 |
|---|---|---|---|---|---|---|---|
| 位置 | 1 | 2 | 3 | 4 | 5 | 6 | 7 |
| 码元 | 0 | 1 | 0 | 0 | 1 | 0 | 1 |

**表 4-10　"1 _ 0101"的汉明码编码**

| 特征 | 监督位 | 监督位 | 信息位 | 监督位 | 信息位 | 信息位 | 信息位 | 监督位 | 信息位 |
|---|---|---|---|---|---|---|---|---|---|
| 位置 | 1 | 2 | 3 | 4 | 5 | 6 | 7 | 8 | 9 |
| 码元 | 0 | 0 | 1 | 1 | 0 | 1 | 0 | 1 | 1 |

（2）汉明码的检错纠错方法

汉明码传输过程中，可能会由于单粒子效应或其他的干扰，产生错误，那么怎么检查是哪一位码元错误了呢。正如汉明码的编码是按奇偶校验的方式产生的一样，同样可用产生奇偶检验的方法判断出错码元的位置，然后进行纠正，也就是说针对接收到的汉明码，按监督位的产生方法再重复一遍得到检测序列，产生的检测序列如果全为 0，则数据传输正确，如果非零，则检测序列按从右到左的顺序排列组成的二进制编码，即为接收到的汉明码出错的码元位置，将出错码元值进行 0-1 变换就得到了正确的码元值。

表 4-11 为汉明码纠错示例，展示的为汉明码"0 _ 0110 _ 1011"在传输后，接收端接收到的第 5 位出错，导致接收序列为"0 _ 0111 _ 1011"。接收端对接收的错误编码进行纠正后得到正确的汉明码。

由上面的规则可知，汉明码监督位的产生和检错依赖于奇偶校验。在信息码组中插入固定规则编制的奇偶检验位从而生成汉明码。因而对传输过程中出现的一次错误是有能力检错和纠错的。发生两次错误时，如果汉明码编码时比常规编码增加了监督位，则可以检测两位错误，但不能纠正；如果不增加监督位，则无法检出。增加了监督位的汉明码则称为扩展汉明码。如 [7, 4] 汉明码在第 8 位上增加一位监督位变成 [8, 4] 扩展汉明码。

表 4 - 11　汉明码纠错示例

| 码元位置 | 1 | 2 | 3 | 4 | 5 | 6 | 7 | 8 | 9 | 检测序列计算 |
|---|---|---|---|---|---|---|---|---|---|---|
| 接收码字 | 0 | 0 | 1 | 1 | 1 | 1 | 0 | 1 | 1 | |
| 第 1 位监督位 | ● | | ● | | ● | | ● | | ● | 0ˆ1ˆ1ˆ0ˆ1 = 1 |
| 第 2 位监督位 | | ● | ● | | | ● | ● | | | 0ˆ1ˆ1ˆ0 = 0 |
| 第 3 位监督位 | | | | ● | ● | ● | ● | | | 1ˆ1ˆ1ˆ0 = 1 |
| 第 4 位监督位 | | | | | | | | ● | ● | 1ˆ1 = 0 |
| 纠错后码字 | 0 | 0 | 1 | 1 | 0 | 1 | 0 | 1 | 1 | 错误位置："0101" = 5 |

#### 4.2.3.2　有限状态机的容错设计

有限状态机（Finite State Machine，FSM）是信息传递处理的时间顺序或逻辑顺序的一种最清晰简便的描述方式，在 FPGA 设计中，可以极方便地控制信息传递处理的时序关系、逻辑转换关系，因而得到了大量的应用。

正是 FSM 的大量应用，导致在 FPGA 中许多关键逻辑依赖于 FSM 的可靠性，因而 FSM 需要具备可靠稳定性高、速度快、状态划分合理等特点。下面对其可靠稳定性进行讨论。

状态机的状态需要使用寄存器进行存储，因而与其他寄存器逻辑一样，对单粒子翻转是敏感的，需要对其进行加固设计，比如，三模冗余、容错编码等。状态机加入三模冗余会影响其响应速度，在某些应用场合会与 FSM 的速度要求相违背，而通过可靠的编码则可以保证这些要求。

常见的 FSM 编码方案：

1）顺序的二进制编码（Binary）；

2）相邻编码仅一个比特位变化的格雷码（Gray）；

3）编码中仅有一个比特位为 '1' 或 '0' 的独热码（One - hot）。

在 $n$ 位的状态机编码方案中，最好的设计方案满足两个条件：

1）$2^n$ 个有效状态编码，不存在无效状态编码；

2）相邻的状态转移仅有一个比特位发生变化。

基本上很少有 FSM 的状态机编码和状态转移能达到以上两个完美条件，对于没有 $2^n$ 个有效状态的状态机，存在无效的冗余编码，这样发生单粒子翻转时，状态就有可能进入非有效状态循环外的冗余态，在无冗余处理机制时，就会出现状态机的死锁，再也无法进入有效状态。

由于状态机的状态转移是与实际情况相关的，基本上很难设计出所有的相邻状态转移都只有一个比特位发生变化。FPGA 如果受到温度、电磁干扰等变化导致时序收敛发生变化，极有可能在发生状态机的多个比特位变化时状态被采样，此时会发生状态机的不确定性跳转，从而引发错误的状态转移。

所以从 FSM 的可靠性编码设计出发，首先，应做到合理的规划状态机的状态个数，

尽量为 $2^n$ 个有效状态。其次，尽量通过状态机嵌套的方式，将大型的状态机转变成小型设计，进而选用格雷码方案，规避不确定性的状态转移。第三，对无法满足 $2^n$ 个有效状态的状态机设计冗余态无条件转出机制，防止状态死锁，比如所有冗余态都无条件转移至某个确定状态。

独热码每个状态对应状态机的一个比特位，$n$ 个状态的状态机编码就需要 $n$ 个比特位，即状态机有 $n$ 个有效状态，$2^n - n$ 个无效状态。由于无效状态太多，故其受单粒子翻转的影响是最大的。独热码编码时，一个状态对应一个比特位，故状态机译码电路最简单，对时序收敛的影响最小。

# 参 考 文 献

[1] 李巍，刘栋斌. 空间辐照环境下的 FPGA 可靠性设计技术 [J]. 单片机与调入式系统应用，2011，10：12 - 14.

[2] 邢克飞，杨俊，王跃科，等. Xilinx SRAM 型 FPGA 抗辐射设计技术研究 [J]. 宇航学报，2007，28（1）：123 - 129.

[3] 周治虎. 深亚微米 FPGA 板级互联抗软错误方法研究及应用 [D]. 武汉：湖北工业大学，2018.

[4] 倪涛. 纳米工艺下数字集成电路的抗辐射加固技术研究 [D]. 合肥：合肥工业大学，2016.

[5] 周婉婷. 辐照环境中通信数字集成电路软错误预测建模研究 [D]. 成都：电子科技大学，2014.

[6] 顾义坤，倪风雷，刘宏. Xilinx FPGA 自主配置管理容错设计研究 [J]. 宇航学报，2012，33（10）：1521 - 1523.

[7] 马瑞君. 数字集成电路的防护软错误技术研究 [D]. 淮南：安徽理工大学，2017.

[8] 董宇. 基于 FPGA 局部动态可重构技术的可靠性系统实现与优化 [D]. 西安：西安电子科技大学，2012.

[9] 高鹏，庞宗强，周同. Virtex FPGA 抗单粒子翻转技术 [J]. 无线电通信技术，2014，40（4）：74 - 75.

[10] ROLLINS N，WIRTHLIN M，CAFFREY M，et al. Evalu - ating TMR techniques in the presence of single event upsets [C] //Proc. of Conf. on Military and Aerospace Program - mable Logic Devices (MAPLD) . Washington, DC：[s. n. ]，2003：63 - 63.

[11] CARMICHAEL C. Triple module redundancy design tech - niques for virtex FPGAs, xAPP197 (v1.0) [R]. San Jose：Xilinx Corp.，2001.

[12] 张超，赵伟，刘峥. 基于 FPGA 的三模冗余容错技术研究 [J]. 现代电子技术，2011，34（5）：167 - 171.

[13] 伊小素，邓燕，潘雄，等. 表决器对分层三模冗余系统可靠性影响分析 [J]. 中国惯性技术学报，2011，19（4）：494 - 495.

[14] EDMONDS, LARRY D. SRAM FPGA reliability analysis forharsh radiation environments [J]. IEEE Transactions onNuclear Science, Dec. 2009, 56（6）：3519 - 3526.

[15] GURZI J. Estimates for best placement of voters in atriplicated logic network [J]. Electronic Computers，1965，14（5）：711 - 717.

[16] Xilinx, "XilinxTMRTool", http：//www. xilinx. com/publications/prod _ mktg/XTMRTool _ ssht. pdf (Access date：December，2011).

[17] Xilinx TMRToolUser Guide，UG156（v3. 1. 2）June 23，2017.

[18] 胡洪凯，施蕾，董晹晹，等. SRAM 型 FPGA 空间应用的抗单粒子翻转设计 [J]. 航天器环境工程，2014，31（5）：511 - 513.

[19] WANG Z，DING L，YAO Z，et al. The reliability and availability anal - ysis of SEU mitigation techniques in SRAM - based FPGAs. EuropeanConference onRadiation and ITS Effects on

Components and Sys‐tems. New York：IEEE，2009：497‐503.

［20］　张明阳，晏坚，王帅，等. 静态随机存储器型可编程门陈列中轨应用可靠性分析［J］. 科学技术与工程，2018，18（24）：106‐110.

［21］　许文曜. 基于新型 FPGA 的自可重构系统设计研究［D］. 杭州：浙江大学，2008.

［22］　ERAEKA MOSANYA，EDUARDO SANCHER. FPGA‐based hardware Implementation ofgeneralized profile search using on‐line arithmetic，Proceedings of theACM/SIGDA International Symposium on Field Programmable Gate Arrays. PP. 101‐102，Feb. 1999.

［23］　Xilinx Inc. Emi Eto，Difference‐Based Partial Reconfiguration，Xilinx Inc.，2007.

［24］　AZAMBUJA J R，SOUSA F，ROSA L，KASTENSMIDT F L. "Evaluating large grainTMR and selective partial reconfiguration for soft error mitigation in SRAM‐basedFPGAs"，On‐Line Testing Symposium，2009. IOLTS 2009. 15th IEEEInternational. PP. 101‐106，June 2009.

［25］　赵昌兵，付方发，肖立伊. 数字太敏 SOC 的抗 SEU 加固设计［J］. 微电子学与计算机，2017，34（1）：1‐5.

［26］　丁朋程. 基于 SRAM 型 FPGA 的抗单粒子效应容错技术的研究［D］. 兰州：西北师范大学，2013：33‐67.

# 第 5 章　FPGA 容错技术

容错技术是指在系统某些部件发生故障的情况下，系统有能力进行处理，并保证系统仍能按原定性能指标或性能指标略有下降（在可接受范围内）完成任务的技术[1]。

容错技术需要通过外加资源的方法来换取系统的可靠性。外加资源主要分为外加硬件、外加软件、外加信息等，这些方法需要合理使用才能达到系统高可靠性的目的[1-2]。

（1）硬件容错技术

硬件容错技术是通过增加硬件元件来实现容错的一种技术，可以是系统级上增加独立工作的硬件，也可以是部件级上在系统内部为每个部件增加冗余器件[1,3]。

硬件冗余形式可以分为三种：静态冗余、动态冗余和混合冗余[1]。

①静态冗余

静态冗余是指系统的冗余结构不随故障发生变化的冗余方式，也称为故障屏蔽技术[1,4]。这种技术采用多个模块同时工作，执行相同功能，利用表决器进行判断产生最终输出结果并输出到下一级。经典的静态硬件冗余方法有三模冗余。

②动态冗余

动态冗余是指通过故障检测、故障定位和系统恢复等方法来达到容错目的的技术。由于系统恢复采用重构技术，系统的冗余结构会随着故障的发生而产生变化。这种方法采用一个模块作为主模块，用来产生系统的输出，其余的模块作为备用模块，当主模块发生故障时，系统进行重构，用一个正常的备用模块替换主模块，使系统恢复正常运行。根据备份方式不同可分为热备份和冷备份。

③混合冗余

混合冗余将静态冗余与动态冗余结合起来，使系统具有两者的优点，其系统成本较高，一般用于高可靠性领域[1,3]。

（2）软件容错技术

与硬件容错类似，软件容错技术是指在程序备份多个功能相同的模块，当某些模块出现问题时，其功能由其他模块替代实现的一种容错技术。软件容错技术主要分为两类：差异容错和无差异容错。

①差异容错

差异容错可以容忍设计错误。一般要求同一功能的软件程序，由不同的设计师来分别设计，由于这些设计相互独立，所以发生相同故障的概率比较小。

②无差异容错

无差异软件冗余类似于静态硬件冗余，它是将设计好的软件模块复制多份，放于不同的物理位置中同时运行，当某个模块所在的具体器件地址发生故障时，其他模块所在的物理地址不一定发生相同故障。

目前实现软件冗余主要有以下两种方法：恢复块技术、N 版本程序技术。

①恢复块技术

程序主要由主程序块、若干候选程序块以及检验程序块组成。系统程序在主程序块中运行，每运行完一个程序，检验程序都要判定其结果，若判定运行结果可接受，则程序继续运行，否则将系统恢复、覆盖并返回到第一个程序块运行之前的状态，然后从系统中选择一个候选程序块来运行，并通过检验程序判定其运行结果。

②N 版本程序技术

多个版本的程序同时运行，给出各自的运行结果，由表决程序决定采用哪个运行结果作为最终运算结果。

（3）信息容错技术

信息容错技术是为了检测与纠正数据在传输或存储过程中的错误而外加一部分冗余信息码，如增加帧头、帧尾和校验码等冗余信息，使得不相关的原始数据信息变得相关，并把这些冗余码作为监督码与原始数据信息一同传递或存储[1]。

信息容错技术使用的检错与纠错码通常有奇偶校验码、汉明码、循环冗余校验码（CRC 校验）等。

宇航用 FPGA 设计的一个重要目标是避免故障发生，提高可靠性。冗余技术作为提高宇航用 FPGA 设计可靠性的主要手段之一，其主要功能不是故障检测，而是故障屏蔽与纠正。以提高设计可靠性为目标的 FPGA 容错技术包含三个方面：1）FPGA 故障检测与定位；2）冗余算法设计；3）冗余备份与仲裁。

## 5.1　FPGA 故障检测与定位

故障检测是 FPGA 冗余技术的重要组成部分，是实现容错技术的前提。

FPGA 故障检测主要分为面向制造的检测方法（Manufacture Test Process，MTP）和面向应用的检测方法（Application Test Process，ATP）[3,6,16]。前者主要应用于 FPGA 器件级故障检测，后者主要用于 FPGA 应用过程故障检测。

### 5.1.1　FPGA 器件级故障检测原理

MTP 是交付用户使用前对芯片进行检测，其目的是不管用户将 FPGA 配置成何种电路，均能正确实现。在这种检测中，对所有电路单元都需要进行检测。要对一个 FPGA 进行完整的检测，需要对被测 FPGA 反复编程，并对编程实现的电路进行检测。而故障检测则需要参照相应的故障模型。

#### 5.1.1.1　故障模型

故障是指对原定设计（行为）的一种非正常或者不确切的偏离或改变。

由于 FPGA 结构复杂，内部由多个模块组成，且不同模块结构不同，因此故障模型也各不相同。通常 FPGA 故障类型可以分为[4,15,16]固定型故障、短路故障、开路故障、延迟故障。

（1）固定型故障

固定型故障是指信号线上的逻辑值不随输入信号的变化而变化，而是固定在某一不变的值。目前主要有两种模式：固定 1 故障和固定 0 故障。固定型故障可以比较确切地描述电路中存在的元件损坏、短路或开路故障。

（2）短路故障

短路故障也称为桥接故障（bridging fault），是指几个不应该连接的信号发生了意外连接而产生的故障。

（3）开路故障

开路故障是由于信号线断开而形成的故障。

（4）延迟故障

延迟故障是由于元件性能或者设计不当等原因引起的信号不按规定时间到达的故障。延迟故障要考虑系统中的信号动态工况，包括信号的参数变化和元件间的延时变化等。由于这些参数具有动态变化的特点，若系统结构设计不合理，通常会导致时序电路出现延迟故障，造成时序错误。时序仿真是解决此类故障的常用方法，能够解决 FPGA 结构设计不合理问题，但是仿真不可能覆盖所有变化情形，还需通过板间测试与环境应力试验来进行进一步考核验证。

### 5.1.1.2　故障检测总体方案

FPGA 检测基本方法如下：利用 FPGA 结构的规则性，采用阵列化检测方法，先选择 FPGA 基本单元的几种检测配置，再将其组合成阵列，将 FPGA 内部单元按特定的检测配置阵列化，而后经过一个检测配置和向量实施的过程，把该阵列转化为具有特定功能的电路，再从应用级别上对该电路进行检测，完成电路的功能及参数检测[5,16]。

通过对 FPGA 器件结构特性分析可以看出，如果不对 FPGA 进行程序固化，其不具有任何功能。因此需要对 FPGA 进行固化配置，使其具有特定的逻辑功能，然后在 I/O 管脚上施加检测向量，并与响应进行比较来确定功能正确性。

在计算机上生成 FPGA 比特位流文件，通过计算机接口下载比特位流文件至 FPGA 中，实现相应的检测电路。然后在 FPGA 芯片管脚上施加检测向量，由自动测试设备（Automatic Test Equipment，ATE）检测 FPGA 电路的输出值，并和预期的输出值进行比较分析，以验证功能正确性[6,8]。一个 FPGA 器件进行完整的测试，需要通过对组成 FPGA 的各个部分分别进行完整测试，通过对 FPGA 进行若干次编程形成多个检测电路来对 FPGA 进行完整的检测，具体实现流程如图 5-1 所示。

对于在线可擦除的 SRAM 型 FPGA，在程序调试阶段常使用渐进式调试方案，即通过反复固化逐一验证各个模块功能或不同测试工况，直到达到较高的故障覆盖率为止[16]。生成配置电路和测试向量的流程如图 5-2 所示。

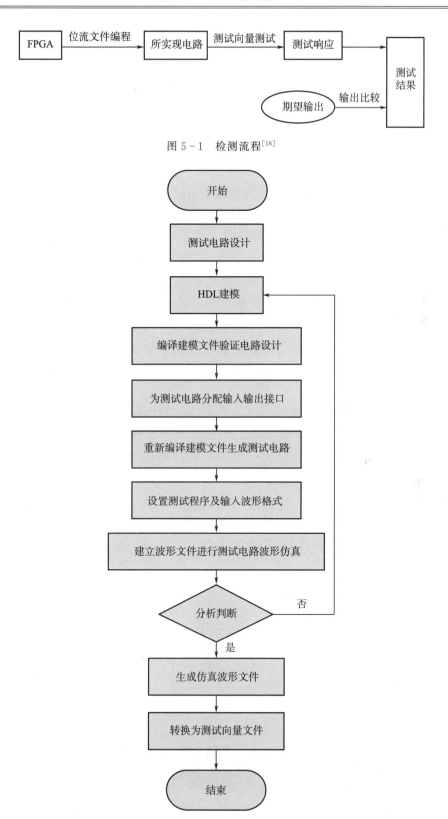

图 5-1　检测流程[16]

图 5-2　生成配置电路和测试向量流程图[16]

### 5.1.1.3　模块故障检测

FPGA 器件大多基于查找表技术，一般由三种可编程电路和常用功能的硬核模块（如块 RAM、时钟管理和 DSP 等）组成[10,16]，这三种可编程电路分别是：可编程逻辑块（Configurable Logic Block，CLB）、可编程输入/输出模块（I/O Block，IOB）和可编程互连资源（Interconnect Resource，IR）。

（1）CLB 故障检测方法[12,13,16]

CLB 的作用是实现组合或时序逻辑功能，CLB 的内部结构主要包括查找表单元、触发器和进位逻辑等[6-7]。检测 CLB 最简单的方法是通过编程把每一个 CLB 的输入、输出和 FPGA 的 IO 连接起来，直接对每个 CLB 内的逻辑电路进行测试，对每个 CLB 来说，一般要通过若干次编程才能完成完整的测试。

假设要对 CLB 中的 LUT 进行编程配置测试，那么对查找表中的每个单元至少要有一次状态 0 和状态 1 的编程；而对于触发器和进位链功能也各需要有一次编程来检测。这种方法最主要的问题是 FPGA 内部 IOB 数量有限，需要很多次编程才能将 CLB 完全检测。如果 FPGA 内部 IOB 数量为 $N_{IO}$，有 $N$ 行 $M$ 列个 CLB 单元，并且 CLB 输入有 $n_1$ 个，输出有 $n_0$ 个，要完成 CLB 功能检测需编程配置 $n_p$ 次，要完全检测这个 FPGA 的 CLB 需要进行 $\dfrac{N \times M(n_1 + n_0) \times n_p}{N_{IO}}$ 次编程[16]。

FPGA 逻辑资源通常都是由几种重复的单元构成的阵列，基于这种规则的结构，同时为了编程次数，CLB 适用阵列检测方法。将 CLB 划分成查找表（LUT）、触发器（Flip Flop）、快速进位逻辑（CanyLogic）等子电路模块分别进行检测[16]。CLB 检测方案如图 5-3 所示。

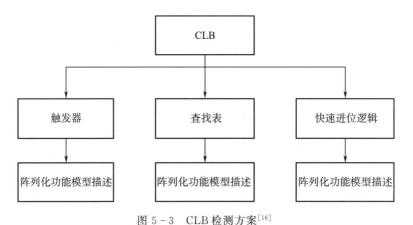

图 5-3　CLB 检测方案[16]

（2）IOB 故障检测[15]

IOB 是 FPGA 输入输出接口控制电路，可以将 IO 配置为输入、输出和输入输出双向。输入和输出均可配置为直接型和寄存型。此外，IOB 输出具有翻转缓冲功能，通过控制输出缓冲翻转速率来减小非临界信号跳变时对电源总线的瞬时影响。IOB 资源中含有延迟的结构，能够用来补偿全局缓冲所导致的延时。IOB 的输入输出引脚可以配置为下拉或上拉的结构，可以用来消除一些不需要的噪声或能耗。

　　IOB 故障模式可分为：固定 0、固定 1、三态和开路故障等[14-15]。单个 IOB 每次只能完成一种功能配置，这样完成所有 IOB 检测需要次数较多，因而通常采取互补交叉配置的方法对 IOB 进行配置和检测。首先对 IOB 资源进行分组，然后将 IOB 两两配对使用，一半 IOB 设置为输入，另一半 IOB 设置为输出，并且在输入和输出中构建某种连接关系来实现对 IOB 输出的检测，针对输入输出的功能设置一个控制端，控制两两配对的 IOB 输入输出功能的转换，再次检测输出状态的 IOB 是否工作正常。再检测其相应的直流参数，这样就完成了对 IOB 的全面检测。

　　（3）IR 故障检测

　　IR 可以按照用户编程设计的方式，把 FPGA 逻辑单元等连接起来实现相应的功能。FPGA 内部互连资源的故障类型主要分为两类：开路和短路[16]。开路故障大多由可编程节点常开或连线断路引起；短路故障大多是由可编程节点常闭或连线短路造成。图 5 - 4 所示为故障类型的示意图。

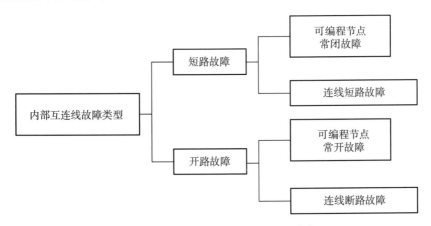

图 5 - 4　内部互连资源的故障类型[16]

　　FPGA 可编程互连资源的故障检测通常先对连线资源进行编程，然后再施加测试向量进行检测。配置连线资源时一般不会把连线资源与可编程逻辑单元相连，而是把连线资源连接成线网结构，再施加相应的测试向量进行检测。经过多次的配置，实现所有连线资源的全面测试。

## 5.1.2　FPGA 应用过程故障检测

### 5.1.2.1　数据交互故障检测与定位

　　航天产品控制系统可能存在 FPGA 与 FPGA、FPGA 与 CPU 以及 FPGA 与外围存储器之间数据交互。如何快速定位数据交互故障对于进一步提高系统可靠性具有重要意义。常用方法是在 FPGA 内部设置相应的寄存器用于存储 FPGA 代码运行以及数据交互过程中的重要数据变量，并将上述数据通过串口显示在上位机上或者通过遥测数据下传，通过

对判读过程数据实现故障的快速定位。基于该方法:

1) 首先,在 FPGA 内部不同模块设置程序运行监控状态字或标志位,分别代表程序运行的不同阶段及运行后的状态。初始化时,对状态字或标志位赋初值;然后在程序运行的不同阶段,相应状态字或标志位的内容将被改变成特定值,通过对特定值的判读来确定程序运行阶段和运行后状态。这些状态字或标志位除了在程序正常运行中起到条件转移作用外,还能在程序异常时起到故障定位作用。

2) 然后,设置具有纠错功能的通信协议,上位机发送控制指令,将状态字或标志位直接通过通信口显示在上位机上。不同的控制指令,FPGA 返回不同数据,根据不同数据来实现 FPGA 内部模块故障定位。

### 5.1.2.2　逻辑分析仪检测技术

逻辑分析仪可以监测和存储硬件电路及 FPGA 工作时的逻辑电平,并将其转换成数据或波形图直观显示,有助于快速检测 FPGA 内部逻辑设计是否正确,是一种高效的 FPGA 故障检测与定位方法,其基本结构框图如图 5 - 5 所示。

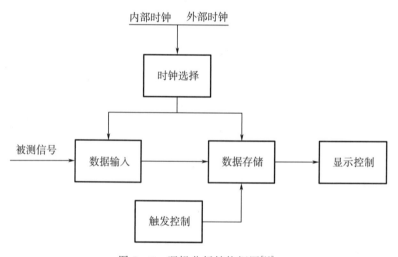

图 5 - 5　逻辑分析结构框图[18]

逻辑分析仪检测主要有两种方式:

1) 通过测试头和连接器把信号连接到外部逻辑分析仪上,可以实时观测 FPGA 内部信号和引脚变化情况,实现 FPGA 内部故障定位。基于逻辑分析的 FPGA 故障检测电路如图 5 - 6 所示。

2) 在 FPGA 内部嵌入逻辑分析核,构成一种嵌入式逻辑分析仪,对 FPGA 器件内部所有的信号和节点进行测试,这一方法同样可以实现 FPGA 故障定位,并且具有无干扰、便于升级和使用方便等优点。

### 5.1.3　反熔丝 FPGA 验证方案

由于反熔丝 FPGA 是一次成型烧录,为提高 FPGA 成功率,在 FPGA 代码定型前,

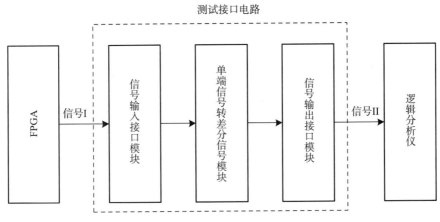

图 5-6　基于逻辑分析的 FPGA 故障检测电路[18]

一般先采用 FALSH 型、工业级反熔丝 FPGA 分别进行功能性能和接口验证；验证无误后再进行军品级反熔丝 FPGA 烧录、成型、落焊。通常反熔丝 FPGA 验证过程分为以下三个阶段。

（1）功能性能验证阶段

功能性能验证阶段主要完成 FPGA 代码功能实现与验证，涉及代码修改、故障检测定位、功能完善、代码升级等，通常选用 FLASH 型 FPGA 进行代码验证工作。考虑到 FLASH 型与反熔丝 FPGA 封装差异性，通常 FLASH 型以调试背板的形式进行。

（2）接口对接验证阶段

接口对接验证阶段主要实现初样产品与系统接口对接测试，可选用与反熔丝 FPGA 封装一致的工业级反熔丝 FPGA 来进行接口对接验证。工业级反熔丝 FPGA 与军品级反熔丝 FPGA I/O 引脚分配信息、烧写文件（AFM）的编程信息一致，可以覆盖军品级 FPGA 功能、性能及接口信息验证。

（3）定型飞行阶段

在完成前两个阶段的验证后，该阶段可以直接落焊军品级反熔丝 FPGA。

## 5.2　FPGA 容错与纠错

EDAC（Error Detection And Correction）是 FPGA 容错与纠错的常用技术，该技术通过对信息通信建立差错编码控制实现容错保护。EDAC 技术的核心是纠错编码方式的选择，编码方式不同，纠错能力和性能也不同，不同的硬件环境应当选用不同的纠错编码方案。航天环境下通常使用纠一位错检二位错编码（Single Error Correcting - Double Error Detecting，SEC - DED）方案。EDAC 方案可以直接用于空间电子设备，特别是高可靠空间应用信号的处理[15]。

### 5.2.1　EDAC 原理及实现

EDAC 最早起源于通信信道数据传输。根据差错控制编码原理，其主要思想是在数据写入时，根据写入的数据生成一定位数校验码，并与相应的数据一起保存起来。当接收端接收数据时，根据编码原理，对接收到的数据以及校验码进行相应的处理，从而检测数据是否发生了错误，并且纠正错误。比较常见的编码方式有汉明码和 RS 码等。

　　EDAC 的主要功能模块由编码器和译码器构成，如图 5 - 7 所示。编码器和译码器依照"纠一检二码"的编解码算法进行设计。编码器首先将数据按照编码算法生成校验码存储在校验码存储器；在数据输出时，译码器对数据进行解码，计算数据的伴随式，并通过伴随式进行错误图样的查找。

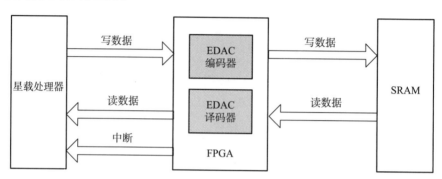

图 5 - 7　EDAC 的功能模块[14]

### 5.2.1.1　线性分组码基础理论

　　纠错码即差错控制编码，它的核心思想是在被传输的信息后面加入按一定规则编码的冗余信息。当信息在传输的过程中发生错误时，接收端就可以通过这种规则检测出错误并进行纠正[14,19-21]。信息一般以分组的方式进行传输，设从 $k$ 个信息位到编码之后的 $n$ 位，此时的 $n > k$，因而附加上了 $n - k$ 个校验位以进行纠错、检错，这种校验码称为分组码，用 $(n, k)$ 来表示，若这两部分的关系呈线性即为线性分组码。线性分组码具有明显的数学结构，在通信中最常使用的是二进制线性分组码[8,9,11,13]。

　　在二进制编码中，定义码率为 $r = k/n$ 的线性分组码，即把 $k$ 比特的信息矢量 $\boldsymbol{m} = (m_{k-1}, m_{k-2}, \cdots, m_1, m_0)$ 线性映射到 $n$ 比特的码字 $\boldsymbol{c} = (c_{n-1}, c_{n-2}, \cdots, c_1, c_0)$。根据线性代数理论，线性映射就是指假如 $c_1$，$c_2$ 分别为消息矢量 $\boldsymbol{m}_1$，$\boldsymbol{m}_2$ 对应的码字，那么 $c_1 + c_2$ 也是 $m_1 + m_2$ 对应的码字。线性分组码的码字空间 $c$ 是由 $k$ 个线性无关的基底 $g_0$，$g_1$，$\cdots$，$g_{k-1}$ 组成的 $k$ 维子空间，子空间的任何一个码字都可以写成 $k$ 个基底的线性组合

$$\boldsymbol{c} = m_{k-1} g_{k-1} + \cdots + m_1 g_1 + m_0 g_0 = \boldsymbol{m} \cdot \boldsymbol{G} \qquad (5-1)$$

式中，矩阵 $\boldsymbol{G}$ 是由二进制码 0 或 1 两个元素构成的 $k \times n$ 矩阵，$k$ 个行向量即是 $k$ 个线性无关的基底，矩阵 $\boldsymbol{G}$ 就是线性分组码的生成矩阵。

　　假设消息矢量 $\boldsymbol{m} = (m_{k-1}, m_{k-2}, \cdots, m_1, m_0)$ 通过线性分组编码得到的码字形式如下

$$\boldsymbol{c} = \boldsymbol{m} \cdot \boldsymbol{G} = (m_{k-1}, m_{k-2}, \cdots, m_1, m_0, p_{k-1}, \cdots, p_1, p_0) \qquad (5-2)$$

即在码字 $c$ 中，信息位以不变的形式，在码字的任意 $k$ 位中出现，称这种线性分组码

为系统码。对于系统码，信息组排在码字的前 $k$ 位，校验位跟在信息位之后，因此，系统码的生成矩阵形式为

$$G = [I_k P] \qquad (5-3)$$

式中  $I_k$ —— $k$ 阶单位阵；

　　$P$ —— $k \times (n-k)$ 维矩阵。

线性分组码的校验矩阵 $H$ 由 $(n-k)$ 行 $n$ 列构成，每一行表示一个线性校验方程的系数，对应于生成矩阵 $G$ 的校验矩阵 $H$ 为

$$H = [-P^T \ I_{n-k}] \qquad (5-4)$$

由式（5-3）和式（5-4）可知，$G$ 和 $H$ 满足以下关系

$$G \cdot H^T = 0 \qquad (5-5)$$

由式（5-5）可知，任一矢量 $c$ 满足校验方程的充要条件是

$$Hc^T = 0 \ \text{或} \ cH^T = 0 \qquad (5-6)$$

在译码过程中，由式（5-6）判断一个码字是否是合法码字。

#### 5.2.1.2  纠一检二码基本定理

纠一检二码在很早以前就开始在计算机系统中使用了，主要用于提高系统可靠性。纠一检二码存在较多的编码方式，但必须满足下面的这两个定理[13-14]。

**定理 1**  假设 $C$ 是由校验矩阵 $H_{r \times n}$ 定义的码长为 $n$ 的线性分组码，则码 $c$ 是纠一检二码，当且仅当校验矩阵 $H$ 的列向量 $h_i (i = 1, 2, \cdots, n)$ 满足以下条件：

1）$h_i \neq 0$；

2）$h_i + h_j \neq 0$；

3）$h_i + h_j + h_k \neq 0$。

其中，$i, j, k \in \{1, 2, \cdots, n\}$，且 $i \neq j$，$j \neq k$，$k \neq i$。

**定理 2**  假设 $C$ 是由校验矩阵 $H_{r \times n}$ 定义的码长为 $n$ 的线性分组码，$E_1$，$E_2$ 为两个错误图样的集合，满足 $E_1 \bigcap E_2 = \varnothing$，则码 $c$ 在错误图样集 $E_1$ 中能纠正所有错误并能在错误图样集 $E_2$ 检测所有错误，当且仅当校验矩阵满足以下条件：

1）$HE^T \neq 0$，$\forall E \in \{E_1 \bigcup E_2\}$；

2）$HE_i^T \neq HE_j^T$，$\forall E_i$，$E_j \in E_1$；

3）对于 $\forall E_j \in E_2$，不存在 $E_i \in E_1$ 使得 $HE_j^T \neq HE_i^T$。

若信息码元是 $m = (m_{k-1}, m_{k-2}, \cdots, m_1, m_0)$，通过编码以后转化为码 $c = (c_{n-1}, c_{n-2}, \cdots, c_1, c_0)$。$G$ 是 $k \times n$ 的生成矩阵，$H$ 是 $(n-k) \times n$ 的校验矩阵，一般通过方程 $HC^T = 0$ 进行判断码字是不是合法的。信息码在发送端经过编码得到发送码组 $c = m \cdot G = (c_{n-1}, c_{n-2}, \cdots, c_1, c_0)$，假设接收端接收到的码组为 $R$，则收发码组之差 $R - c = E$，$E$ 为产生的误码。令 $S = R \cdot H^T$，$S$ 为分组码的伴随式，可得 $S = (c + E) \cdot H^T = c \cdot H^T + E \cdot H^T = E \cdot H^T$。在接收端计算伴随式 $S$，并判断 $S$ 是否为 $0$，如果 $S = 0$，则 $E = 0$，说明此时是正确接收，传输过程中无错误产生；如果 $S \neq 0$，则 $E \neq 0$，说明接收出现错误。如果在编码的纠错能力范围内，接收机通过伴随式 $S$ 就能查出码组的错误位置并进行

纠正。

纠一检二码存在较多的编码方式，如汉明码、扩展汉明码、Hsiao 码和 SEC - DED 码等。

### 5.2.2 EDAC 编码模块

以（7，4）汉明码为例，EDAC 编码模块完成纠一检二的纠错码冗余逻辑的编码，其总体结构框图如图 5-8 所示。EDAC 编码器的接口见表 5-1。

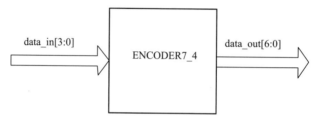

图 5-8 EDAC 编码模块总体结构框图[12]

**表 5-1 EDAC 编码器的接口**

| 信号名称 | 方向 | 说明 |
| --- | --- | --- |
| data_in[3:0] | input | 输入的 4 位信息位 |
| data_out[6:0] | output | 输出编码后的 7 位码字 |

EDAC 编码模块根据上文介绍的纠错码编码算法，对输入的 4 位信息码进行线性分组码编码，得到冗余校验位，以提高数据在 SRAM 中进行存储的可靠性。

如图 5-8 所示，模块中 data _ in 为 4 位输入数据，经过编码模块编码得到 7 位（4 位信息位＋3 位冗余校验位）输出数据 data _ out，编码完成后将 data _ out 送至存储器进行存储。

### 5.2.3 EDAC 译码模块

EDAC 译码模块的总体结构如图 5-9 所示。

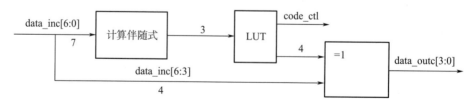

图 5-9 EDAC 译码模块的总体结构[14]

译码模块对输入的 7 位纠错码冗余编码进行译码，对 SRAM 或 FLASH 中可能发生单粒子翻转的错误进行检测和纠正，实现纠一检二功能。其输入输出接口见表 5-2。

表 5 - 2　EDAC 译码器的输入输出接口

| 信号名称 | 方向 | 说明 |
|---|---|---|
| data_inc [6：0] | input | 输入的 7 位码字 |
| data_outc [3：0] | output | 译码后的 4 位信息位 |
| code_ctl | output | 当错误个数大于等于 2 时，输出为高电平，产生中断 |

该译码模块根据 5.2.1 节介绍的算法完成包括计算伴随式、查找错误图样和纠错三个子模块，对应译码过程的三个步骤。在进行纠错时，只需将接收到的码字高 4 位与对应的错误图样高 4 位进行异或操作即可，即

$$data\_outc[3:0] = data\_inc[6:3]^\wedge [e_6, e_5, e_4, e_3];$$

译码操作最终产生以下几种结果：

1）未发现错误：直接将从 FPGA 中读取的 4 位数据送给处理器。

2）发现 1 位错误：将错误纠正，得到正确的 4 位原始数据。

3）发现 2 位错误：限于译码器的纠错能力，只能检测到 2 位错误，但是无法完成纠错，直接报告错误，产生中断，使输出信号 code_ctl=1，并将该信号送至中断处理器进行中断操作，译码操作暂时中断，等待处理结果。

## 5.2.4　通信纠错容错

FPGA 的高速并行处理能力决定了其在通信应用领域独特的优势，宇航 FPGA 通信冗余纠错需要考虑以下几点：

1）数据传输格式应包括：起始位（帧头）、数据位、校验位（奇偶校验）、停止位；

2）校验和：对每个字节进行奇偶校验；

3）累加和：对每一帧数据进行累计加和校验；

4）超时判断：在数据传输过程中增加超时判断功能，如果超过时间容限未完成一帧完整数据传输，丢弃该异常数据，重新开始接收新一帧数据，超时时限根据波特率和每帧数据的长度确定；

5）波特率冗余设计：为了提高接收数据的准确性，减少误码率，采用 $n(n \geqslant 1)$ 倍波特率对数据进行过采样，采样的关键是采样到数据波形的中点，这种采样方法可以提高对串行数据波特率的容错性[16]。

以 16 倍频波特率速率采样为例：采用数据传输速率的 16 倍进行采样，采样时钟连续采样到 8 个低电平信号时可以确定此时的低电平信号为正确的数据起始位，这样可以排除干扰信号产生的错误起始位信号。在采集到第 8 个低电平之后，每隔 16 个采样时钟对数据采样。采样过程如图 5 - 10 所示。

采用 $n$ 倍频波特率速率采样需要考虑两种极限偏移情况：一种是数据采样时刻为最后一位有效数据的开始时刻，如图 5 - 11 所示；另一种是数据采样时刻为最后一位有效数据的结束时刻，如图 5 - 12 所示。根据这两种情况可计算出采用 $n$ 倍频波特率速率采样的比特率容错范围。

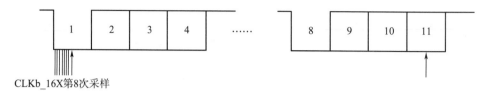

CLKb_16X第8次采样

图 5-10　16 倍频波特率采样示意图[17]

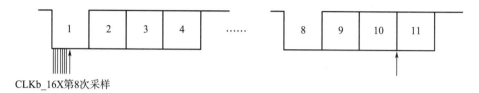

CLKb_16X第8次采样

图 5-11　16 倍频波特率采样极限情况（1）[17]

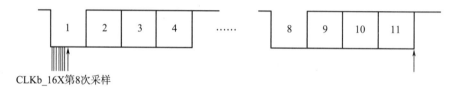

CLKb_16X第8次采样

图 5-12　16 倍频波特率采样极限情况（2）[17]

假设标准波特率为 $B_s$，实际波特率为 $B_{Rmin}$，则对于图 5-11 所示情形有

$$B_{Rmin} = 0.952B_s$$

对于图 5-12 所示情形有

$$B_{Rmax} = 1.048B_s$$

那么采用 16 倍频波特率速率采样串行数据，FPGA 设计实现的波特率的误差在 ±4.8% 之内就可以准确地采样到数据，考虑到远端传输可能出现误差，将设计的波特率误差控制在 2.5% 以内以保证数据的准确。上述计算忽略了波特率速率倍数 $n$ 的影响，实际应用中发现 $n$ 的值越大，波特率的容错范围会更宽[17]。

## 5.3　冗余备份与仲裁

冗余备份是航天、军用和特殊领域广泛采用的技术方案，充分利用了串联保护与并联保护的特点，并且将其形成各种组合备份，从而实现整个系统的可靠性提升。按照冗余模式划分，可以分类为：双机热备份、三机热备份、多机冷备份等。对于可靠性要求特别高的软硬件系统常采用三机热备份的容错技术。

### 5.3.1　串并联冗余

宇航单机可靠性设计的目标是避免单点失效，而且所有的软硬件设计均可以简化为一种开关电路模型。

如图 5‑13 所示，对于单路的开关电路，若 $Q_1$ 的功率管失效或者 $V_1$ 的控制信号失效均会造成负载无法被驱动，电路的整体功能失效。

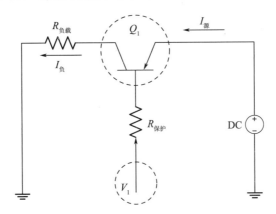

图 5‑13　单路开关电路示意图

串联保护和并联保护是最常用的保护方式，两者均是在系统内增加同类型模块，但其目的和效果略有不同，如果系统需要提高整个电路的关闭可靠性，则需要增加串联保护，若需要提高整个电路的导通可靠性，则需要增加并联保护。

如图 5‑14 所示，对于串联的开关电路，只有 $Q_1$ 和 $Q_2$ 同时导通，负载才会被驱动，$Q_1$ 和 $Q_2$ 对于电路关闭起到冗余保护作用，而此电路也可以等价为软件中的"与操作"。

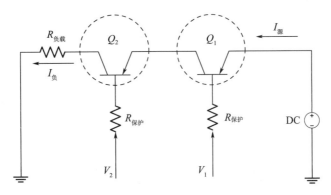

图 5‑14　串联开关电路示意图

如图 5‑15 所示，对于并联的开关电路，$Q_1$ 和 $Q_2$ 任意一个导通，负载均会被驱动，$Q_1$ 和 $Q_2$ 对于电路导通起到冗余保护作用，而此电路也可以等价为软件中的"或操作"。

如图 5‑16 所示，通过对继电器 $K_1$ 的开关闭合控制，来实现对于 $Q_1$ 和 $Q_2$ 的供电控制，而若 $Q_1$ 通电 $Q_2$ 断电，则 $Q_2$ 就是对于 $Q_1$ 的冷备份。

对串并联保护电路进行不同组合可以生成各种类型的多机冗余电路，如图 5‑17 所示是经典的三机三取二开关电路模型。其中，控制信号 $V_1$ 同时控制 $Q_1$ 和 $Q_3$，控制信号 $V_2$

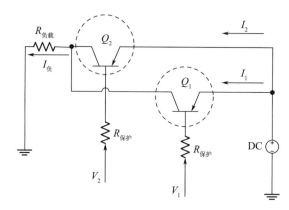

图 5-15　并联开关电路示意图

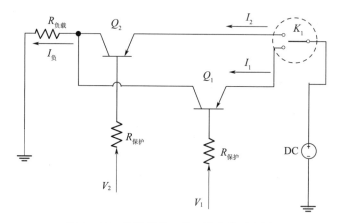

图 5-16　并联开关—热—冷电路示意图

同时控制 $Q_2$ 和 $Q_5$，控制信号 $V_3$ 同时控制 $Q_4$ 和 $Q_6$，该电路只有两路及以上控制信号同时有效时，负载才会被驱动，仅一路有效电路不会被启动。三机三取二开关电路是串并联保护的完美结合，对整体电路的导通保护和关闭保护均起到了冗余保护。

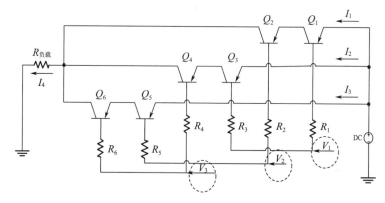

图 5-17　三机三取二开关电路示意图

### 5.3.2　双机热备份系统

双机热备份是航天产品中经常采用的容错方式。双机热备份系统实现需要三项技术：双机同步技术、冗余故障检测技术和仲裁切换技术[15,22]。

#### 5.3.2.1　双机同步

双机同步是双机热备份系统能够正常进行系统监测，并对故障进行正确判断的基础。正确的同步策略是双机系统能够及时检测出故障并执行正确切换动作的前提，也是保证系统在故障发生之后成功恢复的关键。双机同步一般可分为三种：紧同步、松散同步和任务级同步[22]。

（1）紧同步

紧同步是指双机在指令级或者时钟级的同步，要求主机和备机在指令执行上或时钟周期内严格同步，因而具有故障发现及时，使用资源少等优点，但紧同步需要专门的硬件支持，而且容易因为总线上的瞬时故障而产生共性错误，所以无法有效地检测故障。

（2）松散同步

松散同步允许双机的时钟之间存在一定的延迟，但在同步的过程中周期性地将各处理机的时钟进行对齐。

（3）任务级同步

任务级同步是以一个独立运行的、具有一定逻辑任务的一次运行作为同步的基础。在这种方式下，系统在任务中设立一个或多个比较点，对中间结果和最后输出进行一致性判断，如果不一致，则进行相应的处理。由于各模块间无时间上的同步，任务执行松散，因而对共性错误具有很高的抑制能力。

为了实现双机同步，在硬件上必须提供双机数据的通信通道，如图 5 - 18 所示为双机同步通信结构示意图。目前，常用的双机同步通信的方式包含以下两种方式。

①串口通信

串口通信是指双机之间利用处理器芯片的串行接口进行通信，该方法适用于数据传输量较小、传输速率慢且处理器之间紧密耦合的场合。

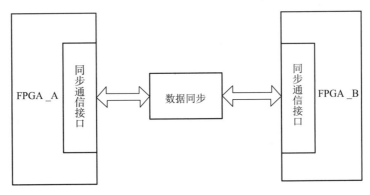

图 5 - 18　双机同步通信示意图[22]

②并行总线通信

利用 FPGA I/O 口作为数据总线和地址总线，实现不同模块之间数据通信交互，该方式具有数据传输速率快的优点。

### 5.3.2.2　冗余故障检测

双机热备份系统中双机容错和同步控制的关键在于系统中的故障检测模块，常用的冗余故障检测方法是比较式故障检测。

在任务级同步方式下，双机容错系统通过比较器进行故障检测。在系统中，双机执行完全相同的任务，并且具有相同的输入，执行结果都送到比较器。如果比较器认为双机的输出结果一致，表明没有故障发生。否则，就表明系统中至少有一个单机出现故障。

比较式故障检测只能检测出故障，要想达到容错的目的，必须通过仲裁切换电路切换到没有故障的机器上。

### 5.3.2.3　仲裁切换

仲裁切换是实现 FPGA 双机（或者多机）热备份系统中容错功能的重要组成部分，仲裁切换的功能是通过对故障检测的结果进行分析和仲裁，并将工作机切换到没有故障的 FPGA 中，从而保证系统能够恢复到正常工作状态。

双机热备份系统的运行状态可能有以下 3 种[16,22]：

1）双机均正常，一机工作，另一机备份，此状态称为"双机热备份状态"；

2）一机正常，另一机故障，由正常的单机当班，此状态称为"单机运行状态"；

3）双机均故障，系统处于故障状态，此状态称为"系统故障状态"。

双机仲裁和切换模块的工作条件包括单机故障检测输出、双机相互检测输出两种情况。其中在 1）、2）两种情况下控制模块基本功能正常，因为故障检测程序被正确执行了，也就是单机故障检测和双机相互检测程序本身执行正确。而对于多机容错的输出处理则需要相应的仲裁表决技术来支撑，不同冗余备份方案对应不同的冗余仲裁表决方案。而在具体处理过程中，还需要对数据同步性、故障检测有效性和模块切换实时性进行细化设计。

下面针对单机故障检测输出、双机相互检测输出两种情况分别介绍仲裁处理方法。

（1）单机故障检测输出的仲裁处理

单机的故障检测内容包括：FPGA 处理器的运行状态，外围通信接口的功能状态和处理器外围存储器的数据状态，这些自检内容形成单机故障状态的抽象数据结构，称为故障数据库。

单机故障检测的结果作为双机交换信息的一部分，这样双机能够随时了解对方的运行状态。在单机没有故障时，单机以最少的信息告知对方机自身的运行状态正常，当单机发生故障时立即编辑故障数据并发送给对方机，对方机通过对这些信息的解读获知机组状态，然后进行仲裁和切换。当双机各自获取对方机的自检结果后，及时进行机组状态的仲裁，实现机组运行状态的自主切换。

例如，当本机处于当班机状态，若其单机故障检测的结果无法保证系统功能正常完成，本机能够通过双机同步接口将自身的故障状态通知对方机，对方机会通过这些信息自动识别出当班机已经无法完成系统功能，此时对方机会自动获取当班权，迫使本机放弃当班权，从而实现系统的自动切换。

（2）双机相互检测输出的仲裁处理

双机热备份系统为了实现双机之间的信息交互，需要双机间数据同步接口。例如，可以采用串口来实现双机间的数据同步，以双机握手，如果握手连续多次失败则确认发生故障，故障原因可能有如下 3 种[22]：

1）对方机出现死机；

2）对方机同步通信接口故障；

3）双机之间的同步通信接口故障。

在握手故障情况下能够识别握手故障的单机必须启动自检程序，进行自我检测，如果自我检测结果是出现故障，并且此单机为当班机状态，则此单机自动放弃当班权，由对方机当班，并进入单机执行状态。如果自我检测的结果是正常，并且此单机为备份机状态，则此单机也会自动获取当班权，进入单机运行状态。

## 5.3.3　三机备份系统

图 5-19 为某三机备份系统方案框图，包含三个 FPGA 控制模块，各 FPGA 控制模块拥有独立的二次电源供电，分别独立接收来自信号输入模块的各种信号，经过处理后，通过 I/O 总线传输至主备仲裁表决模块。

三个 FPGA 控制模块根据任务不同，三机备份系统处于不同的工作模式，具体可分为以下两种：

1）三机热备份模式；

2）两热一冷模式。

输出仲裁表决模块主要实现三机数据的表决仲裁功能。对于表决机制的判断标准和容错的实时性可以通过三机的数据、读写信号、硬件状态信号来判读，决定其数据是否参加最后的表决处理。输出仲裁表决模块真值表见表 5-3。

输出仲裁表决模块的工作机理如下：

1）输出仲裁表决模块接收三块 FPGA 控制模块的正反码数据，对两种数据进行校验比对，比对正确可参加表决，否则数据无效，该模块数据通道被关闭。

2）任意两块 FPGA 模块的写信号组合为计数信号，且 FPGA 模块的写信号设置为清零信号。若 FPGA 模块写信号异常无法对计数信号清零，则计数信号在计满规定值后溢出，通过溢出信号将异常 FPGA 模块通道关闭。

3）三冗余备份 FPGA 模块程序将其内部硬件状态参数传送至输出仲裁表决模块，输出仲裁表决模块将状态参数组合处理后，分析各 FPGA 模块是否正常，若发现异常则将该异常 FPGA 模块通道关闭。

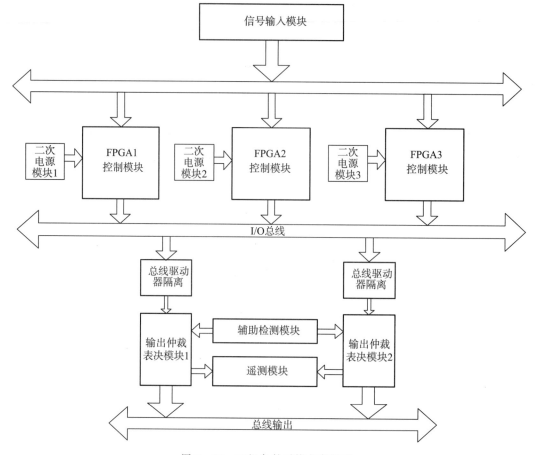

图 5 - 19　三机备份系统方案框图

### 表 5 - 3　输出仲裁表决模块真值表

| 序号 | FPGA1 工作情况 | FPGA2 工作情况 | FPGA3 工作情况 | 系统输出结果 | 发生概率（失效率 $\lambda_p$） | 备注 |
|---|---|---|---|---|---|---|
| 1 | 正常 | 正常 | 正常 | 正常 | $(1-\lambda_p)^3$ | |
| 2 | 异常 | 正常 | 正常 | 正常 | $\lambda_p(1-\lambda_p)^2$ | |
| 3 | 正常 | 异常 | 正常 | 正常 | $\lambda_p(1-\lambda_p)^2$ | |
| 4 | 正常 | 正常 | 异常 | 正常 | $\lambda_p(1-\lambda_p)^2$ | |
| 5 | 正常 | 异常 | 异常 | 异常 | $\lambda_p^2(1-\lambda_p)$ | |
| 6 | 异常 | 正常 | 异常 | 异常 | $\lambda_p^2(1-\lambda_p)$ | |
| 7 | 异常 | 异常 | 正常 | 异常 | $\lambda_p^2(1-\lambda_p)$ | |
| 8 | 异常 | 异常 | 异常 | 异常 | $\lambda_p^3$ | |
| 合计 | | | | | 1 | |

# 参 考 文 献

［1］ 郭林. 基于 FPGA 的星载机容错技术研究与设计［D］. 北京：清华大学，2009.

［2］ 付剑. 星载计算机的硬件容错设计与可靠性分析［D］. 长沙：国防科技大学，2009.

［3］ 杨稱，刘群，周新发. 可靠性技术在星载计算机设计中的应用［J］. 电子技术应用，2009，35
（7）：75－79.

［4］ 夏康. 高可靠并行星载计算机硬件容错技术研究［D］. 上海：上海交通大学，2012.

［5］ 孙鹏. 星载计算机系统软件容错技术研究［D］. 合肥：中国科学技术大学，2007.

［6］ 朱鹏. 星载 SAR 控制软件故障注入技术研究［D］. 北京：中国科学院研究生院电子学研究
所，2004.

［7］ 蒋询，等. 利用 FPGA 实现模式可变的卫星数据存储器纠错系统［J］. 电子技术应用，2002（8）：
44－47.

［8］ M FARSI，K RATELIFF，MANUEL BATHOSA. An overview of Controller Area Network［J］.
Computing &Control Engineering Joumal，1999（10）：113－120.

［9］ GIANLUEA CENA，ADRIANO VALENZANO. Efcient in Plemeniation of Semaphores in Controller Area
Networks［J］. IEEE Transaetions on Industrial Electronics，1999：417－427.

［10］ 高海霞. 基于 SRAM 技术的现场可编程门阵列器件设计技术研究［D］. 西安：西安电子科技大
学，2005.

［11］ JIE WU，YICHAO MA，JIE ZHANG，et al. Research on Metastability based on FPGA. The Ninth
International Conference on Electronic Measurement & Instruments 2009. Vol4：741－745.

［12］ 王忠明. SRA 型 FPGA 的单粒子效应评估技术研究［D］. 北京：清华大学，2011.

［13］ 费亚男. 基于动态可重构技术的 FPGA 中 SEU 故障容错方法研究［D］. 哈尔滨：哈尔滨工业大
学，2013.

［14］ 徐海波. 基于 TMS320VC33 平台的星载 EDAC 系统的 FPGA 设计与实现［D］. 长沙：国防科技
大学，2012.

［15］ 张娜. 基于 FPGA 的故障检测与定位的容错机制的研究［D］. 北京：北京化工大学，2011.

［16］ 罗俊杰. FPGA 故障检测方法研究及软件实现［D］. 北京：中国科学院大学，2015.

［17］ 肖鹏. 基于 FPGA 的异步串行通信波特率容错设计［J］. 网络与信息工程，2018.

［18］ 文常保. 一种用于逻辑分析仪的 FPGA 测试接口电路［J］. 实验室研究与探索，2017，36（11）.

［19］ 伍志刚. 星载 SAR 计算机可靠性设计与纠错编码研究［D］. 北京：中国科学院大学，2000.

［20］ ZHEN WANG，KARPOVSKY M G，KULIKOWSKI K J. Replacing linear Hamming codes by
robust nonlinear codes results in a reliability improvement of memories［C］. EEE/IFIP International
Conference on Dependable Systems & Networks，June，2009：514－523.

［21］ BORIS POLIANSKIKH，ZELJKO ZILIC. Design and implementation of error detection and
correction circuitry for multilevel memory protection［C］. Proceedings of the 32nd IEEE
International Symposium on Multiple－Valued Logic，June，2002：89－95.

［22］ 李利军. 星载双机热备份计算机系统设计［D］. 西安：西安电子科技大学，2010.

# 第6章 宇航用 FPGA 重配置技术

由于反熔丝型 FPGA 容量受限，在复杂应用系统中更多的是采用基于 SRAM 型 FPGA 来完成如存储器管理、信号处理、通信处理及计算机接口管理等功能。一方面，SRAM 型 FPGA 在空间应用中面临着高能粒子辐射问题，空间环境下工作的 SRAM 型 FPGA 单粒子效应出现频度明显增加，因此采取在轨远程重配置措施也是重要的应对手段[1]；另一方面，面向多任务在轨应用，在轨故障检测与辨识、在轨任务功能升级以及在轨设备维护，同样需要 FPGA 具备重配置功能。

宇航用 FPGA 重配置分为局部重配置和远程重配置两部分，局部重配置可在保持 FPGA 部分逻辑单元配置功能基础上进行功能扩展，而远程重配置面向天地远程维修任务和航天产品故障在轨检测与升级优化，对 FPGA 内部的所有逻辑资源进行远程重配置。

## 6.1 FPGA 重配置类型及原理

### 6.1.1 FPGA 重配置类型

根据 FPGA 芯片配置操作时刻的不同，可将 FPGA 的重配置分为静态重配置和动态重配置。

静态重配置是指在 FPGA 加电前，将已编译好的比特位流配置文件下载到 FPGA 芯片中，对可重配置逻辑单元进行逻辑功能配置，该重配置方法在 FPGA 配置完成后的整个电路工作期间，电路实现的逻辑功能保持不变。因此对不同的电路逻辑功能，需要不同的完整比特位流配置文件对 FPGA 进行配置。

动态重配置是指 FPGA 在外部器件的控制下，对其逻辑资源进行重新配置，以实现不同逻辑功能的转换。与静态重配置不同，它并不是先使系统停顿后再加载不同的比特位流，而是在加载比特位流文件时，仍然保持系统处于工作状态。根据重新配置的范围，又可以分为动态完全重配置和动态部分重配置两种。动态完全重配置是指对 FPGA 内部的所有逻辑资源进行重新配置。

### 6.1.2 FPGA 重配置原理

FPGA 重配置是通过在 FPGA 硬件底层加载比特位流数据，对内部的存储单元进行动态重配置来实现的。配置单元需要在 FPGA 芯片上电后进行，设置查找表（LUT）的属性、连线方式、IOB 电压标准和其他用户设计，通常情况下可实现 FPGA 重配置的主要是指 SRAM 型 FPGA。

在 SRAM 型 FPGA 中，通过外部配置电路对 FPGA 的内部可编程逻辑块进行配置数

据载入，对内部逻辑资源以及布线资源进行配置，从而实现用户设定的功能[2]。如图 6-1
所示，FPGA 底层是由对用户不可见的 SRAM 单元构成的配置存储器，顶层为对用户透明
的可配置逻辑单元电路（包括触发器和查找表等结构），以及用于连接各逻辑模块的可编
程互连资源。每个比特位控制着唯一的相应逻辑资源状态，所以配置存储器可抽象为连续
的二进制序列。

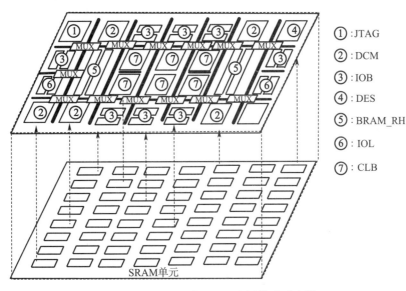

① :JTAG
② :DCM
③ :IOB
④ :DES
⑤ :BRAM_RH
⑥ :IOL
⑦ :CLB

图 6-1　SRAM 型 FPGA 配置模型示意图

　　配置数据是用户通过 EDA 软件工具生成的比特位流文件，配置电路将比特位流下载
到配置存储器后，配置控制电路会对比特位流文件进行解码，将配置信息正确地载入
FPGA 内部可配置模块的 SRAM 中。每个 SRAM 单元受读写信号控制并储存单位比特的
数据信息，并在 FPGA 配置完成触发启动时序后将存储的比特数据信号加载到芯片内部的
各种控制管脚上，通过连接/关断布线路径确定每一个逻辑模块的功能、使能各种触发器、
选择使用 BRAM 模块的大小等配置，从而实现用户需要的功能。配置过程主要涉及相关
的配置帧、配置列、配置单元的寻址以及配置控制逻辑。

　　以 Xilinx 公司的 Virtex 系列 FPGA 重配置为例，配置数据以配置帧（Frame）为配
置单元进行读写。不同 FPGA 规格和容量不同，对应的配置帧长也不同。多个配置帧构成
更大的配置单位，称为配置列。以配置列为单位，可以将 FPGA 资源分成三类；第一类包
括 CLB 列、IOB 列、IOI 列、GCLK 列；第二类是 BRAM 列；第三类是 BRAM 互连列。

　　在整个配置过程中，每个配置帧都有唯一的 32 位地址与之相对应。该地址由块地址、
主地址、次地址和字节数组成。其中，字节数是在配置过程中为器件中的帧长计数器自动
使用，用户不能够对其进行设置；主地址用于指定一列在某块中的位置；次地址则是说明
某一帧在一列中的具体位置，在配置过程中帧地址会自动累加。

　　Virtex 系列 FPGA 配置控制逻辑由包处理器、一系列的配置寄存器及其控制的全局信
号组成。其中，包处理器将数据通道输入的数据流配置到相应的寄存器，而配置寄存器则

根据不同的值进行相应的配置操作[3]。

　　包处理器在 FPGA 上电并识别到同步字后，开始等待有效的数据包头。接收到有效包头后，包处理器就会将包头后的数据配置到其所指定的寄存器中，直至数据包头中的字节计数器减到零，才会继续等待下一个有效的数据包头。FPGA 配置的实现过程也是所有配置指令的执行过程。根据写入配置寄存器不同的值，就可以执行相应的操作。FPGA 通过循环校验寄存器建立一种检验配置数据流是否正确的机制。每次配置数据写入相应寄存器后，就会根据其地址和数据计算得出一个循环冗余校验值，如图 6 - 2 所示，当循环冗余校验寄存器写入值后，FPGA 就会自动比对写入的循环冗余校验值和内部计算得出的校验值，以确定输入的比特位流数据是否正确。

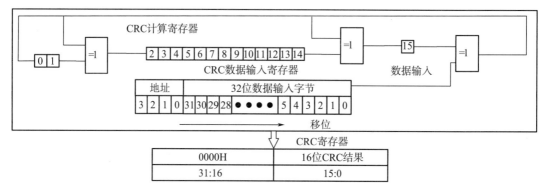

图 6 - 2　包处理器循环冗余校验过程

　　循环冗余校验值的校验有两种途径：一是通过显式的写入循环冗余校验寄存器；二是通过帧数据输入寄存器后进行隐式校验。显式校验是在循环冗余校验寄存器写入值后进行校验；而隐式校验是在写入帧数据输入寄存器的最后 32 位字后自动进行循环冗余校验。

　　在配置 FPGA 过程中，配置帧是根据帧地址寄存器的值配置到 FPGA 的相应位置。帧地址寄存器在每次对帧数据输入寄存器写入后或者从帧数据输出寄存器读出后自动累加，直至累加值达到帧长寄存器所指定的值。

　　通过向指令寄存器写入相关指令，使得引导 FPGA 的配置逻辑可以控制 FPGA 的全局信号设置以及其他配置功能，还可以设置控制寄存器的安全等级、专用引脚的保持功能和全局三态信号的属性。

　　Virtex 系列 FPGA 的配置数据处理流程（包括初始化配置和重配置技术）大体上可以分为三个阶段，如图 6 - 3 所示。第一阶段是由内部配置逻辑开始准备加载配置数据。对于初始化配置而言，在此步骤中，FPGA 首先清空内部逻辑，等待接收同步字（如 0xAA995566）进行系统同步。而对于重配置而言，无须清空内部逻辑，而是一直等待进行系统同步。是否需要清空内部逻辑是初始化配置和重配置的一个重要的区别点。复位完循环冗余校验寄存器后，开始设置决定配置属性的相关寄存器。

　　第二阶段是对 FPGA 内部逻辑资源的配置。初始化配置包含内部的三类逻辑资源，设

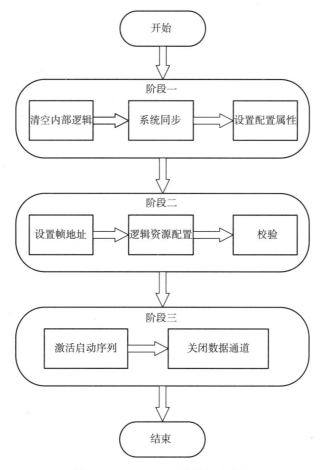

图 6 - 3　FPGA 配置数据处理流程

置三类资源的起始帧地址后，通过写指令，将后续的配置帧加载到帧数据输入寄存器中。当最后在无效帧之前的所有帧数据配置完后，校验指令就会被写入指令寄存器中。在最后一帧写入控制寄存器后，FPGA 的三类逻辑资源就完成了其初始化配置。与初始化配置不同的是，重配置过程在配置第一类逻辑资源完成后，跳过第二类逻辑资源（即所有的BRAM 列），直接指定第三类资源的起始帧地址开始对其进行重配置。

第三阶段是进入启动序列以及关闭数据通道。在所有配置帧数据加载完成后，FPGA通过写入指令寄存器数据可进入启动序列状态。控制寄存器设置完成并且循环冗余校验通过后，进行撤销同步操作，关闭数据通道，并忽略数据通道上的所有数据。在完成启动序列后，FPGA 就开始进入工作状态。

### 6.1.3　局部或远程重配置应用特点

航天产品中应用 FPGA 局部或远程重配置可在航天电子系统中体现系统重配置的众多优势，在卫星或空间飞行器发射入轨后进行在轨重配置以纠正可能存在的设计缺陷，通过使用基于 SRAM 工艺的 FPGA 远程重配置技术能够在轨重配置硬件设计，可以在一定程度上纠正发射后发现的软件和硬件错误，降低整个任务的风险性，提高系统的可靠性。以故障辨识或容错为目的进行在轨重配置，面对比如 FPGA 局部区域内的电路发生故障或是出现损毁情况，通过远程重配置 FPGA 替代 FPGA 器件内部损毁区域，保证功能任务继续正常执行，减少其他以容错为目的的冗余部件，可充分减小容错设计的资源和功耗。也可在不同任务阶段进行功能在轨重配置、基于同一硬件开展多科学任务的在轨重配置，另外在地面研制阶段采用局部重配置技术可以动态分时复用 FPGA 硬件资源，充分减小重设计规模，缩短研制时间和成本[4]。

## 6.2　FPGA 局部重配置

### 6.2.1　局部重配置设计方法

局部重配置（Partial Upgrade Reconfiguration）是在 FPGA 运行过程中改变部分逻辑结构，而不影响其他逻辑正常工作的一种动态局部重配置方法。局部重配置对宇航 FPGA 应用具有重要的实用意义，其可以将暂时不用的资源配置成有用的功能模块，做到部分资源的分时复用，从而提高资源的利用率。动态部分重配置是指对 FPGA 内部的部分逻辑资源进行重新配置。在对某部分进行重配置过程中，并不会影响其他部分的工作状态。从本质上看，动态部分重配置是将系统划分成几个没有重叠的部分，根据任务的需求，在不同时刻对不同的部分进行重新配置，从而实现 FPGA 的逻辑功能的转换，无须全面去重新配置和建立电路连接，大大提高了系统的灵活性并充分利用了 FPGA 本身的优点。局部重配置的模块划分原则是保证在配置过程中不能影响其他无须配置的模块，并且可重配置模块应具有相对独立性[5]。

通常在 FPGA 内部信号的交互传递是通过布线资源实现的，可重配置 FPGA 内部结构如图 6-4 所示，在设计重配置过程中，需要固定布线结构模式，链接不同需重配置模块，这样可在规定的区域进行模块划分，也可以与邻近其他无需配置模块的信息交互。可通过加载局部配置文件来修改 FPGA 的内部配置，如图 6-5 所示，局部重配置部分 A 可以通过下载如 A1. bit、A2. bit、A3. bit 和 A4. bit 中的一个局部 bit 文件进行重配置，而其他静态逻辑部分的功能完全不受加载配置部分影响[6]。

局部重配置通常有四种方法，分别是：基于模块化方式、基于差异化方式、基于比特位流方式和基于早期获取部分可重构（Early Access Partial Recon figuration，EAPR）方式[3]。

其中，基于模块化方式是采用层次化结构分别设计每个模块，并生成独立的配置文件，此方式是宇航单机 FPGA 产品常用的一种局部重配置的方法。

基于差异化方式通常用在配置前后改变很小的情况，可以通过向前改变或向后改变来完成设计，局部配置文件仅包括重配置前后电路差异信息；该方法通过比对前后两个比特位流配置数据的不同部分，通过相应的控制，对差异部分的可重配置逻辑资源进行配置，该方法可提供的改动或重配置空间小，通常不适合规模或差异较大的系统，因此不再详细展开。

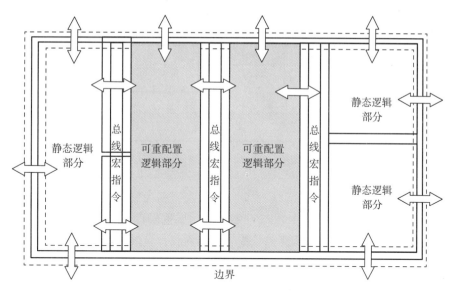

图 6-4　可重配置 FPGA 内部结构

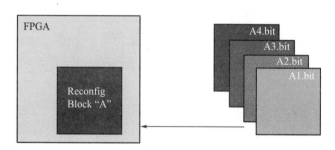

图 6-5　局部重配置示意图

基于比特位流方式是直接对 FPGA 配置文件进行分析和修改，对 FPGA 内部的任意资源进行快速访问和修改，该方式需要用户对配置文件结构有深入的了解，实现难度大，本书同样不再深入讨论。

基于 EAPR 方式可对动态区域大小设置为任意矩形区域，可以摆脱对部分重配置区域必须整列的要求，从而提高资源利用率，采用基于 Slice 结构的总线宏通信，提高总线布线密度，并且允许静态部分全局信号穿越动态区域，优化时序性能，且提高布局布线灵活性，适用于规模较大的系统。

## 6.2.2　基于模块化局部重配置实现

模块化局部重配置需采用层次化的模块设计方式，将设计分成顶层、静态逻辑和动态逻辑三部分，设计框图如图 6-6 所示。顶层用于静态模块和动态模块间的连接以及时钟管理等；静态逻辑部分为固定不变的逻辑（也可将该部分全部或者部分放在顶层内）；动态逻辑部分为可重配置逻辑。可重配置逻辑可以实现不同功能的模块，但是每个模块的顶层接口必须一致[7]。

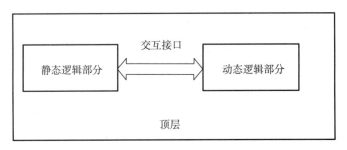

图 6 - 6　局部重配置设计

　　静态逻辑、动态逻辑与顶层设计联合编译后，会产生完整的配置文件和单独的动态逻辑配置文件。在 FPGA 运行过程中，若需要改变动态逻辑的功能，只需向 FPGA 内下载单独的动态逻辑配置文件即可[8]。局部重配置能够在保持 FPGA 静态逻辑正常工作的情况下动态修改某个区域的功能逻辑。使用局部重配置能够在不重启控制器系统的情况下快速切换工作逻辑[9]。

　　一个完整的 FPGA 设计工程中可以包含一个或者多个动态逻辑，动态逻辑间可以有交互接口，实现框图如图 6 - 7 所示。

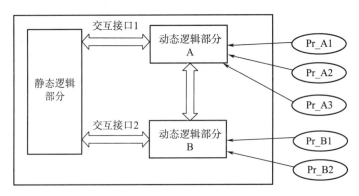

图 6 - 7　含两个动态逻辑的实现模型

　　利用 Xilinx 公司的 Vivado FPGA 开发工具实现局部重配置的流程，从顶层划分到配置加载文件，详见图 6 - 8 所示，主要包括单独综合静态与可重配置模块、创建物理约束以定义可重配置区域、在分区上设置重配置属性、锁定静态布局布线以及为每个配置创建比特位流文件等流程环节[10]。

　　基于上述模块局部重配置设计流程，这里以 Vivado2019.2 版本的 FPGA 开发工具对简单的 LED 发光阵列控制的局部重配置实例具体说明，其中静态逻辑部分由"top _ LED. v"和"divclk. v"组成，可局部重配置的部分由"countled _ down. v""countled _ up. v""shiftled. v"和"shiftled _ right. v"组成，最终生成可局部重配置不同组合的比特位流文件。

　　在 Vivado2019.2 设计套件中，打开主界面，在界面主菜单下选择"新建工程"，对新建工程进行重命名并指定工程存储路径，操作界面如图 6 - 9 所示。

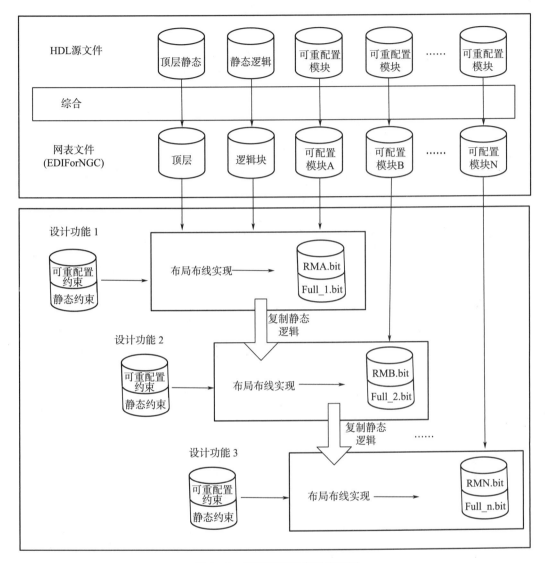

图 6-8 局部重配置实现流程图

在 ProjectType 选项中，选中该界面中的 "RTL Project"，即在可重配置工程中新建的是 RTL 级工程，操作界面如图 6-10 所示。

添加源文件路径如图 6-11 所示，选择了 "countled_up.v" "shiftled_right.v" "divclk.v" 和 "top_LED.v" 代码文件对应的子目录。

在新建工程中需要指定所需要进行重配置的 FPGA 器件型号，如图 6-12 所示，在 "Default Part" 界面选择规格为 Xilinx 公司的 xc7a75tfgg484-1 芯片。

按新建工程设计向导，在设计界面的主菜单中，选择 "Enable Partial Reconfiguration" 使能局部重配置功能，如图 6-13 所示。之后在 "Sources" 窗口中，出现新添加的设计代码文件，如图 6-14 所示。

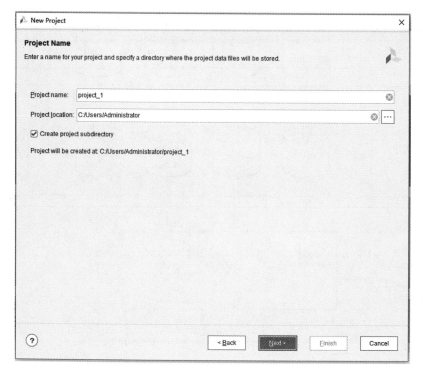

图 6 – 9　新建局部重配置工程界面

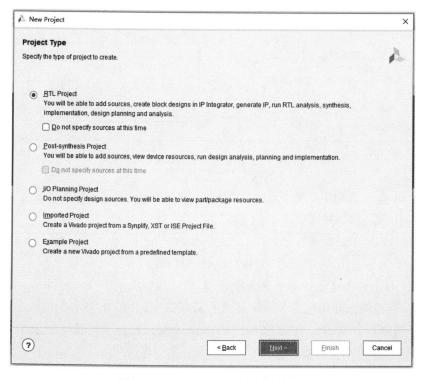

图 6 – 10　ProjectType 选择选项界面

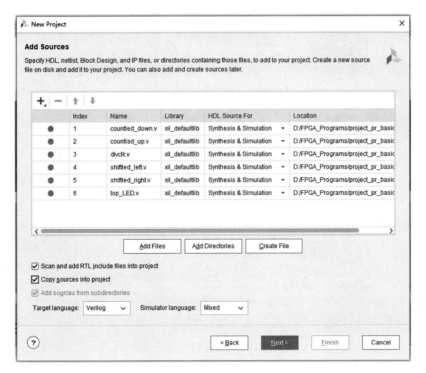

图 6 - 11　添加设计子目录

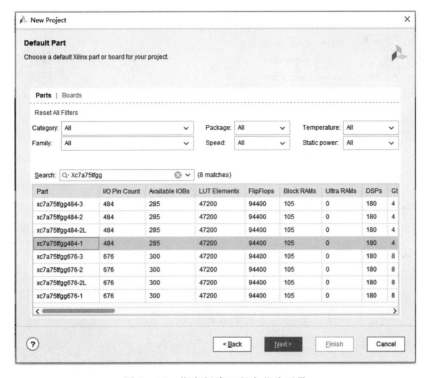

图 6 - 12　指定新建工程中芯片型号

图 6 - 13　使能局部重配置功能设置

图 6 - 14　在"Sources"窗口中新添加的设计文件

　　创建新的分区定义，如在代码文件"shiftled. v"和"countled. v"的源文件窗口中，右击菜单执行"Create Partition Definition"进行分区定义设置，分别设置"Partition Definition Name"和"Reconfigurable Module Name"，如图 6 - 15 所示。

　　在上述基础上添加新的可重配置模块，在设计界面的"Partition Definitions"下显示了所有的定义分区，如图 6 - 16 所示。

　　选中"countled"分区，在右击菜单中选择执行"Add Reconfigurable Module"，并在弹出的对话框中，指定添加可重配置代码文件"countled _ down. v"及路径，同时重命名"Reconfigurable Module Name"为"countled _ down"；同样操作方法对"shiftled"分区添加新的可重配置模块，如图 6 - 17 所示。

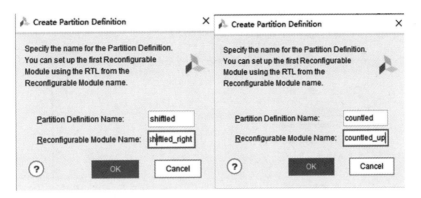

图 6-15　创建"Partition Definition"过程

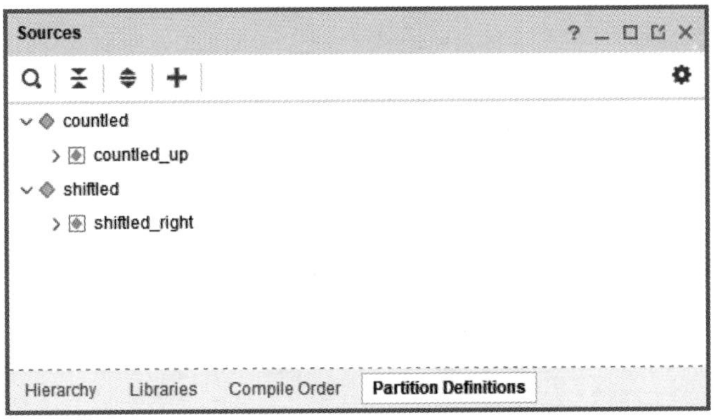

图 6-16　定义的分区及包含的可重配置模块

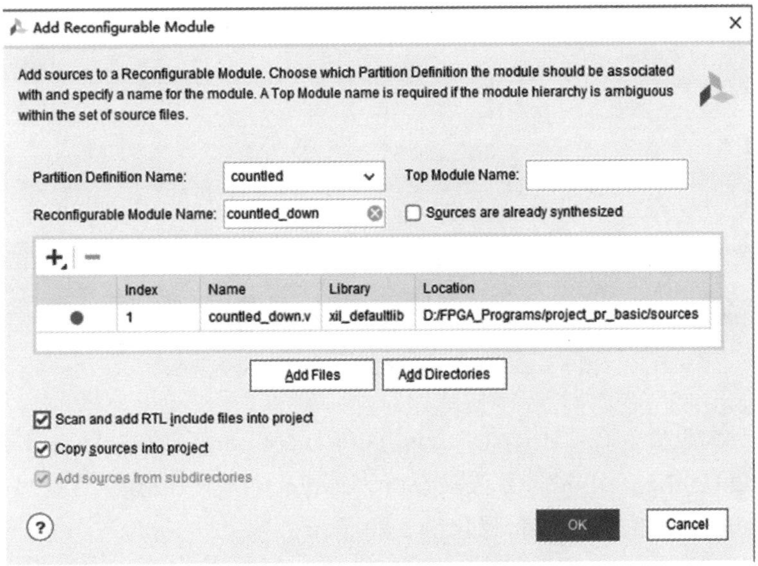

图 6-17　添加新的可重配置模块

完成上述添加新的可重配置模块后，如图 6 - 18 所示，在设计界面的"Partition Definitions"下显示了所有的可重配置代码文件资源。

图 6 - 18　添加完新的可重配置模块的分区界面

将不同分区的可重配置模块进行组合，可产生 4 种不同可重配置组合，在设计界面窗口选择"Partial Reconfiguration Wizard"选项，进行可重配置导向设置，如图 6 - 19 所示，给出可与分区定义有关的可重配置模块。

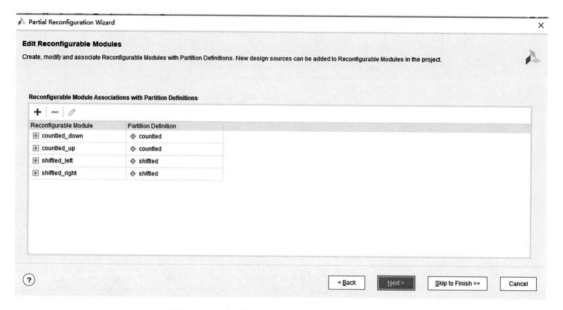

图 6 - 19　部分可重配置模块导向设置界面

按重配置导向设置，在"Partial Reconfiguration Wizard"中的"Edit Configurations"中，选择"Add Configuration"，并依次添加"config _ 1""config _ 2""config _ 3"和"config _ 4"共四个可重配置选项，如图 6 - 20 所示。

在重配置导向设置中的"Edit Configuration Runs"选项中，选择"Automatically create configuration run"，删除原默认的配置并添加新的运行配置，如图 6 - 21 所示。

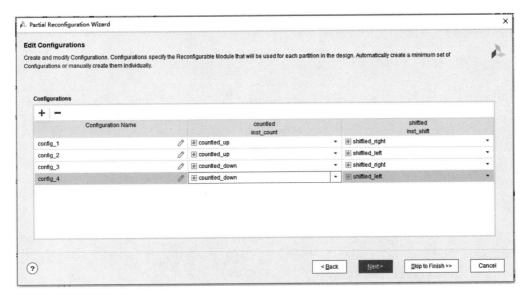

图 6 - 20　四种不同配置组合的可重配置模块

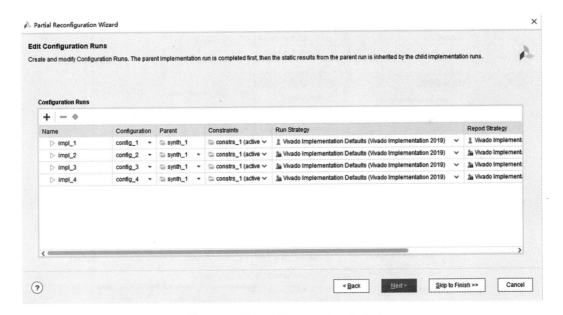

图 6 - 21　重新添加运行配置后的界面

　　部分重配置的向导设置完成，然后选择设计界面中"Run Synthesis"选项综合，综合完成之后的界面如图 6 - 22 所示。

　　在其中一项可重配置分区中，右击选择"Floorplanning"并进一步选择"Draw Pblock"，如图 6 - 23 所示。

　　在可重配置分区进行绘制布局，如图 6 - 24 所示，在"Device"窗口区域中，绘制封闭的矩形区域，在出现"New Pblock"窗口中将该区域进行重命名。

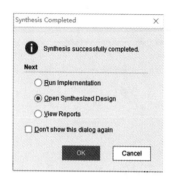

图 6 - 22　对重配置进行综合完成后的界面

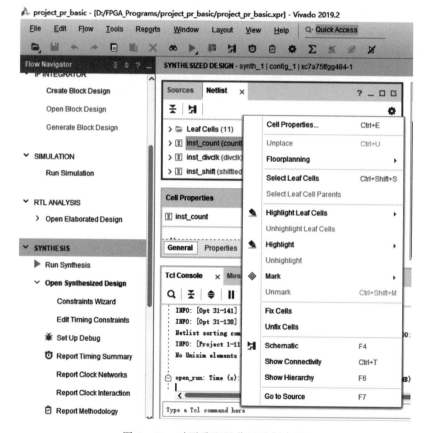

图 6 - 23　对可重配置分区进行布局

　　在分配完重配置区域之后，保存相应的约束到 xdc 文件中，然后做 DRC 检查，检查分配的区域是否符合要求，无问题后单击"Generate Bitstream"。

　　下载局部配置比特位流文件时，FPGA 处于用户模式，以保证下载局部配置比特位流文件时 FPGA 的其他逻辑模块还能正常工作。配置局部比特位流文件过程框图如图 6 - 25 所示。局部配置比特位流文件只包含地址、配置数据以及最终的校验值，所有局部配置比特位流文件信息通过特定模式加载进 FPGA 器件。

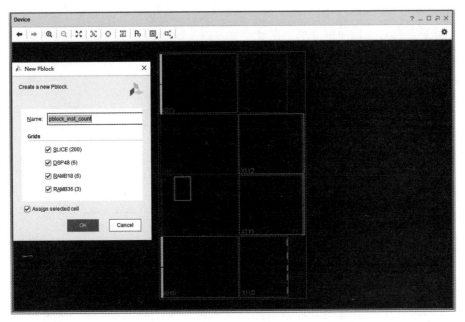

图 6 - 24　在 Floorplanning 界面中划分布局区域

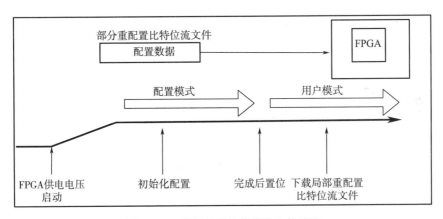

图 6 - 25　配置局部比特位流文件过程

### 6.2.3　基于 EAPR 方式局部重配置实现

EAPR 的设计方法同样建立在模块化设计方法学的基础上，与基于模块（Module - based）的局部重配置方式有些相似，但也有很多的不同。在模块化的设计方法学中，设计团队中的每个成员独立完成各自的模块，最后再将所有的模块整合在一起。这种并行的设计方式既节省了时间，又能够做到每个独立模块的时序收敛。在这种设计方式中，模块的划分是很重要的一步，只有保证模块划分正确，最后的可重配置才能顺利的完成[11]。

EAPR 流程支持 VHDL、Verilog 描述语言和任何 ISE 软件产品支持的综合工具，

HDL 设计完成后要分别对顶层模块、静态模块和重配置模块进行综合，静态模块所包含的是静态逻辑部分，可以将静态逻辑部分划分为多个独立静态模块分别综合，综合后的逻辑网表层级结构图如图 6-26 所示。

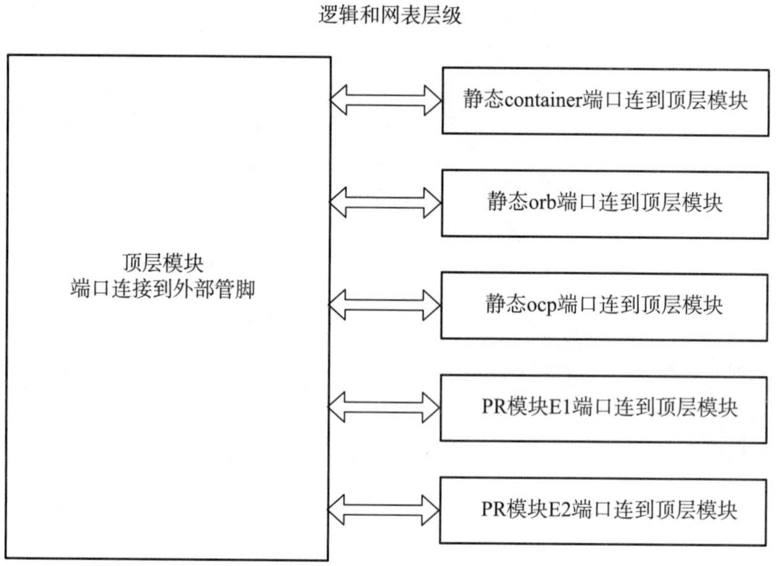

逻辑和网表层级

图 6-26　综合后逻辑网表层级结构图[5]

基于 EAPR 的局部重配置设计方法的流程图如图 6-27 所示，该设计流程主要包括了三个阶段[12]。

第一阶段包括顶层模块的设计输入与初始预算。顶层模块的设计输入可以采用 HDL 描述形式，在顶层模块中应先划分好可重配置模块和静态配置模块，并使用总线宏来完成可重配置模块和静态模块之间的通信。在顶层模块中只做各组成模块的声明，包括 I/O 模块、时钟缓冲、信号声明等。静态配置模块、可重配置模块和总线宏都用黑盒的方式综合。初始预算主要对设计进行全局区域布局、约束每个子模块包括总线宏的位置区域，同时对设计进行全局时序约束。初始预算过程中，用户只有对设计的整体进行合理的位置布局，才能够在最大程度上体现模块化设计的优势；反之，如果布局不合理则会导致后面各阶段的重配置失败，需用户返回到初始预算阶段重新开始，从而大大降低了系统的开发效率[12]。

第二阶段包括对各个子模块的设计输入与模块实现。各个子模块的设计输入与顶层模块相同，但是综合属性有别于顶层模块，这是由于子模块的输入/输出并不是整个设计的外部接口。另外，对应不同功能的多个可重配置模块设计，都必须具有完全相同的端口和端口名称。在实现各个子模块时，应该先实现静态配置模块，因为固定的信息将会在实现可重配置模块的步骤中使用[12]。

第三阶段包括合并装配和配置文件的生成。合并装配就是把可重配置模块和静态配置模块合并装配到一起，形成一个完整设计。主要过程分两个步骤，第一步每个可重配置模

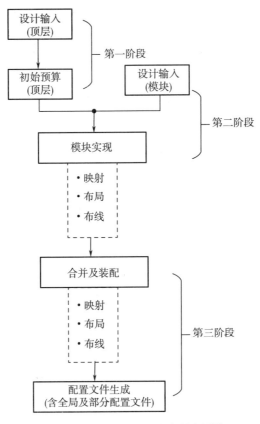

图 6 - 27　局部重配置设计方法图[5]

块生成相应的部分可重配置比特位流文件；第二步选择一个可重配置模块与静态配置模块装配，生成一个完整的全局配置比特位流文件。初始配置时，下载全局配置的比特位流文件，重配置时，再下载相应的可重配置模块的部分比特位流文件，完成 FPGA 功能的重配置[12]。

　　基于采用 EAPR 方式的局部重配置设计流程，这里以 Xilinx 公司的 ISE 中的 PlanAhead 工具，对可局部重配置的部分"U1 _ RP _ Bram"和"U2 _ RP _ Count"进行可重配置区域划分，最终生成可局部重配置不同组合的比特位流文件。使用 PlanAhead 工具进行局部重配置的方法，可以使得整个局部重配置设计更加简化，下面介绍基于 EAPR 方式的重配置流程具体实例方法[11]。

　　首先，利用 ISE 软件开发工具对电路的逻辑功能进行编程，综合并生成相应的网表文件。这些网表文件包含一个顶层模块网表和将要应用到可重配置区域的所有子模块网表。在顶层模块的功能编写中，将可重配置模块定义为一个黑盒子，该黑盒子只包含该模块的端口定义，而不需要进行具体的功能描述。每一个需要被调用到可重配置模块中的子模块，都必须生成一个单独的网表文件。

　　在 Xilinx PlanAhead 工具中创建一个新工程，选择"Specify synthesized（EDIF or NGC）netlist"选项并勾选"Set PR Project"，如图 6 - 28 所示。

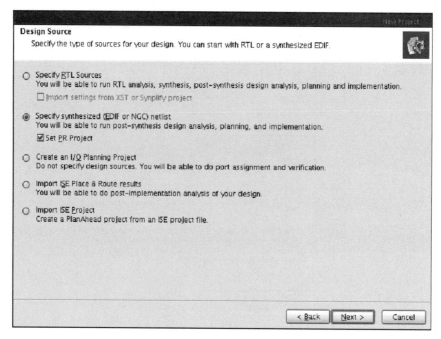

图 6 - 28　创建 PlanAhead 工程

　　这里仅将顶层模块的网表文件以及用户约束文件添加到工程中，子模块的网表文件将在之后步骤中添加，同时选择所用的 FPGA 器件规格型号。

　　将一个子模块的网表文件分配到可重配置区域中，该子模块只是对应可重配置区域中所有子模块中的一个。在软件界面选择"Open Synthesized Design"并创建"Reconfigurable Partition"命名为"U1 _ RP _ Bram"和"U2 _ RP _ Count"两个可重配置区域，如图 6 - 29 所示。

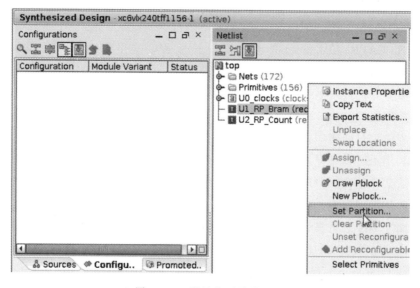

图 6 - 29　设置分区及重配置

　　每一个可重配置区域可能包含若干个子模块，这些子模块将按电路功能要求依次工作，因此在同一可重配置区域中可以分配若干子模块的网表文件，如图 6-30 所示。

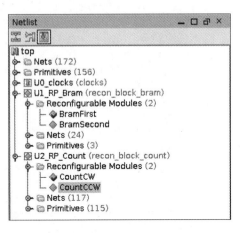

图 6-30　同一重配置区分配若干子模块

　　添加黑盒子模块的步骤是一个可选项，因为并不是所有可重配置区域都需要该黑盒子模块。添加该模块的目的是为了生成一个空白的局部配置文件对可重配置区域进行擦除操作。在 "Reconfigurable Partition" 界面下对可重配置模块 "U1 _ RP _ Bram" 和 "U2 _ RP _ Count" 分别添加无网表文件的可重配置模块 "BramBB" 和 "CountBB"，如图 6-31 所示。

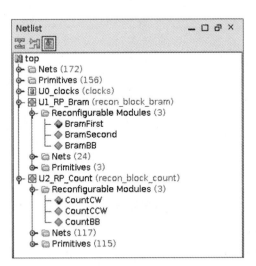

图 6-31　设置黑盒子可重配置模块

　　每一个可重配置区域都需要在 Xilinx PlanAhead 软件中限定一个特定的范围进行布局，对该区域要实现的物理位置进行具体的限定，如图 6-32 所示。

　　Xilinx 公司的 FPGA 产品中除了对 AREA _ GROUP 范围限定外，还需将重配置分区的其他资源约束为静态逻辑部分，因此需要为本例中 "U1 _ RP _ Bram" 和 "U2 _ RP _

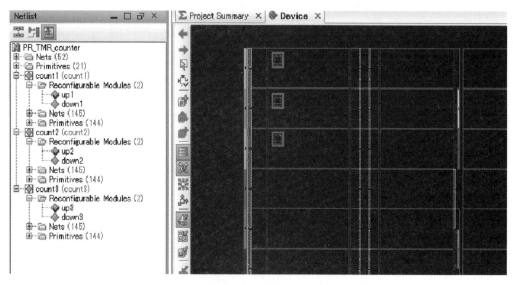

图 6-32　分配网表文件及限定可重配置区域

Count"模块创建"AREA _ GROUP"的范围，首先是选择"Set As Active Reconfigurable Module"激活可重配置模块，然后单击"Layout"进行布局，并切换至"Floorplanning"视图，对所述的模块分别创建命名为"pblock _ U1 _ RP _ Bram"和"pblock _ U2 _ RP _ Count"的 Pblocks（PlanAhead 工具中"AREA _ GROUP"称为"Pblocks"），最后设置 Pblock 大小，包括 Slice 结构逻辑和 RAM 资源设置，如图 6-33 所示。

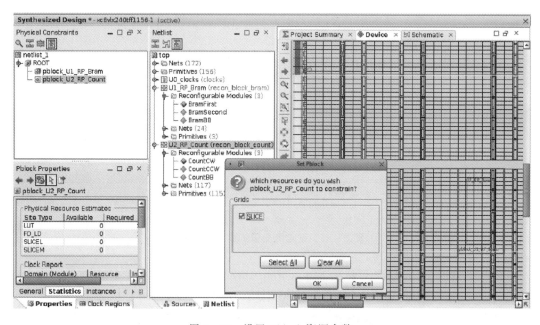

图 6-33　设置 Pblock 资源参数

　　由于每个配置都需要相同的静态逻辑实现，需要满足绝大多数关键重配置模块的时序要求。这里主要对周期时序进行约束，如图 6 - 34 所示，为所有同步路径设置全局时钟约束。

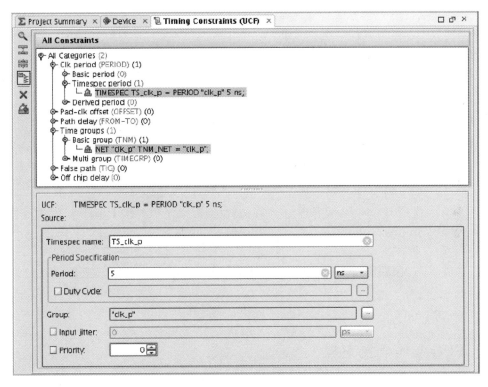

图 6 - 34　设置时序约束[5]

　　在进行局部可重配置设计具体实现之前，一定要进行局部可重配置设计规范检查以保证设计的正确性。在导航界面中选择"Report DRC"。

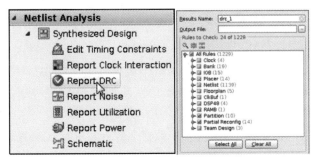

图 6 - 35　分区重配置的 DRC 检查

　　每一个可重配置区域都包含若干可重配置模块，在同一时刻，仅有一个可重配置模块可以在此可重配置区域中实现，因此静态逻辑电路加上所有的仅激活一个可重配置模块的可重配置区域，构成一个完整的电路设计，称为一个配置。

　　第一个配置成功完成布局布线，并成功实现以后将其上传。之后在其他配置中，可以将静态模块选为"调用"模式，调用其静态模块，保证任意两个配置的静态模块完全相同，否则在随后进行实际更改局部可重配置模块时，会造成静态模块的不匹配。

　　对于一个局部可重配置设计，为了生成所有的局部可重配置文件，会存在多种配置的情况。当所有的配置组合都已经完成布局布线并成功实现后，进行验证操作，保证所有配置中的静态逻辑模块布局布线完全相同，确保整个设计的正确性。

　　最后生成并下载比特位流配置文件（.bit 文件），每个配置生成的比特位流配置文件包括：

　　1）一个完整的比特位流配置文件，用来对 FPGA 进行初始配置及上电。

　　2）每个可重配置区域中包含的可重配置模块的局部比特位流配置文件。

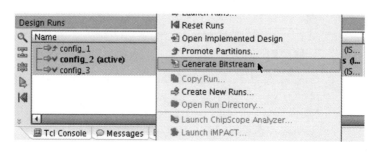

图 6-36　生成 bit 流文件[5]

## 6.3　FPGA 远程重配置

### 6.3.1　远程重配置实现方式

　　通常 FPGA 器件配置方式根据配置数据的宽度以及配置时钟来源的不同，可以分成：主动串行模式（Master Serial Mode）、被动串行模式（Slave Serial Mode）、主动并行模式（Master SelectMAP）、被动并行模式（Slave SelectMAP Mode）和边界扫描模式（Boundary-Scan Mode）。对于 Xilinx 公司 Virtex-II 系列的 FPGA，可以通过配置专用的模式选择引脚 M2、M1、M0 进行配置模式的选择。

　　其中，主动与被动模式区分的依据是数据配置采样时钟来源，如果由外部晶振或者控制芯片提供 FPGA 器件配置时钟，则该配置方式即为被动串/并行模式，否则如果由 FPGA 器件本身产生时钟，则该配置方式即为主动串/并行模式。

　　由于在空间环境中在轨应用时需要采用数据上传方式进行远程重配置，所以被动配置模式是 FPGA 应用中使用最多的一种配置方式。SelectMAP 被动模式是一种 8 位并行配置模式，其接口见表 6-1，它是 Virtex-II 系列 FPGA 最快的一种配置模式，其配置时钟最高可达 66 MHz，每个配置时钟周期内有 8 位配置数据下载到 FPGA 内。此外 SelectMap 端口是一个 8 位双向数据端口，通过它可实现对 Virtex 系列 FPGA 的配置，同时也可通过对内部配置数据的回读来实现检错功能[3]。

表 6-1　并行配置模式接口

| 引脚名称 | 输入/输出类型 | 功能介绍 | 属性 |
|---|---|---|---|
| D [0:7] | 输入或输出 | 配置数据的输入输出接口 | 非专用 |
| RDWR_B | 输入 | 读写控制信号,高电平为读操作 | 非专用 |
| CS_B | 输入 | 片选信号,低电平有效 | 非专用 |
| BUSY | 输出 | BUSY 信号,当配置数据输入过快时,则输出高电平 | 非专用 |
| M [2:0] | 输入 | 模式选择信号,指定配置方式 | 专用 |
| CCLK | 输入 | 配置时钟 | 专用 |
| PROG_B | 输入 | 异步低有效复位信号,用于清空片内存储单元并初始化 | 专用 |
| INIT_B | 输出 | 清空结束并反馈信号 | 非专用 |
| DONE | 输出 | 配置完成信号,初始化完成后拉高,刷新过程中置高 | 专用 |

在边界扫描模式(也称"JTAG 配置")中,采用了 4 根专用的配置引脚:测试数据输入(TDI)、测试数据输出(TDO)、测试时钟(TCK)、测试模式选择(TMS)。这种配置方式下,每一个 TCK 加载一个比特数据。

内部配置访问端口(ICAP)是 FPGA 内部配置寄存器的访问端口,为动态重配置技术在片上可编程系统的应用提供了基本条件。在其他控制器(如反熔丝型 FPGA)操作下,从中读取配置数据写入该 ICAP 接口即可完成芯片的动态重配置。ICAP 用于动态局部重配置,它是 FPGA 内部单元的入口,用户可通过 ICAP 访问配置寄存器。

配置信息写入的过程即按照配置命令将数据写入配置寄存器,写入配置信息就是完成 FPGA 的完整配置或重配置。写入过程是通过发送包数据到帧输入寄存器来实现的,写入过程包括写命令字和写数据。

配置信息回读是通过配置端口将 FPGA 内部配置存储器中的数据读出的过程。回读过程可以读出 CLB、IOB 的寄存器、FPGA 内部存储器的当前状态以及布线资源的配置情况等,而且可以通过对回读数据的校验来检验当前配置数据的正确性。系统通过回读将待测系统的配置信息读入存储器,在此配置信息基础上注入错误后,写回到配置存储器以实现故障模拟。回读过程是通过发送命令从帧输出寄存器中读取数据包来实现的。回读过程分为写操作命令、读取数据和恢复现场三部分。每一帧的回读数据内容都决定着与其相应的物理排列的 FPGA 功能模块的功能逻辑。

### 6.3.2　基于被动模式的远程重配置实现

Virtex-II 系列 FPGA 基于被动模式的远程重配置是在选定 Slave Select MAP 模式后,需要对 FPGA 进行初始化配置,具体流程如图 6-37 所示[14]。

在存储器清空阶段,所有的与配置无关的 I/O 引脚都会被置为三态。相应初始化(INIT_B)和完成(DONE)标志引脚被置低,FPGA 进入清空步骤。

在初始化阶段,当 FPGA 的 INIT_B 引脚置位时对模式选择引脚进行采样,并开始进入配置数据加载步骤,加载配置帧时,每次写完帧数据输入寄存器后,自动执行隐式循

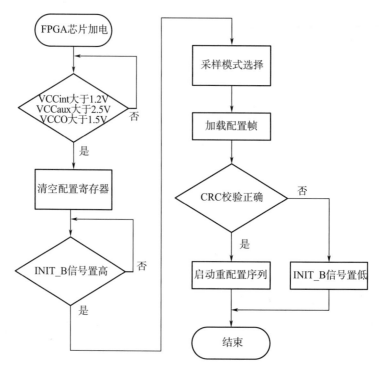

图 6 - 37　被动模式远程重配置流程图

环冗余校验。在进入启动序列之前，也会执行校验。如果所有的校验都正确，则会开启启动序列。相反，如果校验失败，则 INIT ＿ B 引脚会被拉低，中断启动序列，DONE 引脚也会被拉低。此时需要重新进入清空配置存储器阶段。启动并校验正确之后，FPGA 就开始进入启动序列阶段。该阶段完成从配置过程到工作过程的转变。配置过程完成后，DONE 信号被拉高，I/O 引脚被激活，FPGA 开始正常工作。

　　输入的配置时钟对载入 FPGA 的配置数据或者是对回读操作读出的配置数据进行同步。另外，作为驱动 FPGA 内部配置电路的时钟源，配置时钟可以是从晶振直接接入（无论配置与否，时钟始终存在），也可以是受控时钟（只在配置过程中才会出现，不在配置周期内，则始终保持不变，其频率大小可以控制）。

　　这里给出 Xilinx 公司的 Virtex 系列 XC4VSX55 规格型号的 FPGA 芯片进行基于被动模式远程重配置流程说明，其中对 XC4VSX55 共需写入 498929 个配置数据字节，重配置流程如图 6 - 38 所示。

　　针对 Virtex 系列 XC5VFX130T 规格型号的 FPGA 芯片，其远程重配置共需写入 1065221 个配置数据字节，重配置流程如图 6 - 39 所示。

### 6.3.3　基于边界扫描的远程重配置实现

　　JTAG 最初是为了解决电路和系统的可测性问题而被提出。JTAG 技术的功能不仅能用于芯片的测试领域，还可以用在电路系统调试与配置可编程逻辑器件等方面。IEEE

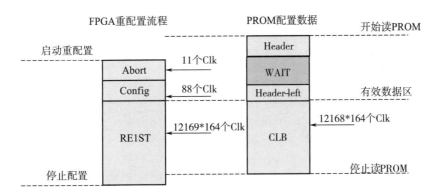

图 6 - 38　XC4VSX55 SelectMAP 重配置流程

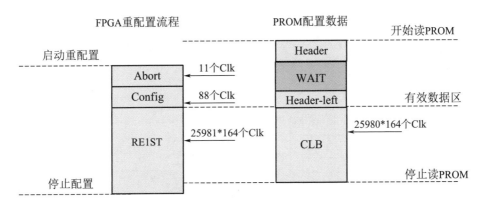

图 6 - 39　XC5VFX130T SelectMAP 重配置流程

1149.1 国际标准定义的一种边界扫描结构，使其作为集成电路设计的一个标准部分。边界扫描技术在每一个引脚附近放置边界扫描寄存器单元，从而使得内部边界的信号可以被控制与观测。该标准定义了一套可集成在集成电路内部的测试逻辑，提供了标准的方法来实现以下功能[3]：

1）测试板级的集成电路间的内部互联；

2）测试集成电路本身；

3）在系统正常运行期间，观测或者修改电路的行为。

边界扫描寄存器单元的实现如图 6 - 40 所示，该单元用于集成电路输入/输出的连接。通过控制多路器的控制信号的状态实现数据输入或输出，第二级触发器用来确保驱动下一级单元的信号能够被锁存，当新数据移出时钟输入的单元作为引脚的一部分，边界扫描寄存器单元被连接起来构成一条移位寄存器链时，这条路径上就有了串行的输入/输出信号和合适的时钟信号以及控制信号。在板级测试时，电路板上每个芯片的 I/O 引脚都可以通过一条边界扫描寄存器链连接起来，通过对测试访问端口加载测试数据，实现对整个扫描链的控制与观测。

基本的 JTAG 测试逻辑结构包括：测试访问端口、一组数据寄存器、一个指令寄存器和一个 TAP 状态机，如图 6 - 41 所示，测试访问端口包含五个测试控制端口，分别是

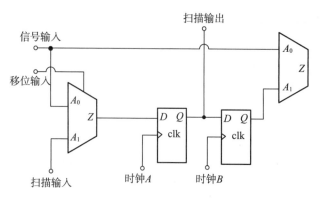

图 6-40　边界扫描寄存器单元

TCK、TMS、TDI、TDO 以及 TRST。TAP 状态机有两种扫描模式，一种是指令扫描模式，即控制指令寄存器的操作；另一种是数据扫描操作，即控制数据寄存器的操作。

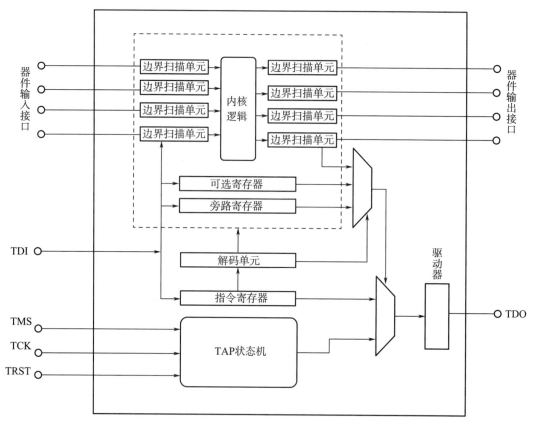

图 6-41　边界扫描测试逻辑结构图

这里给出 Xilinx 公司的 Virtex 系列 FPGA 芯片 XC4VSX55 规格的基于边界扫描的远程重配置流程说明，其配置帧长、数据格式等与基于被动模式重配置格式一致，重配置长度共需写入 498 929 个配置数据字节，重配置流程如图 6-42 所示。

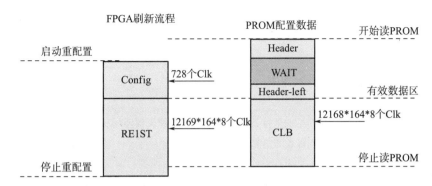

图 6 - 42　XC4VSX55 边界扫描远程重配置流程

　　针对 Virtex 系列 XC5VFX130T 规格的 FPGA 芯片，整个重配置过程中的帧长以及数据格式与被动模式重配置一致，重配置过程中共需写入 1 065 221 个配置数据字节，重配置流程如图 6 - 43 所示。

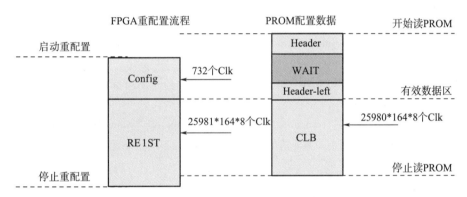

图 6 - 43　XC5VFX130T 边界扫描远程重配置流程

# 参 考 文 献

［1］ 马寅.航天用 SRAM 型 FPGA 抗单粒子翻转设计［J］.航天器环境工程，2011，28（6）：551-556.

［2］ 杨佳奇.基于 JTAG 的 FPGA 配置方法与电路设计［D］.西安：西安电子科技大学，2013.

［3］ 方金木.航天应用中 FPGA 可靠性设计技术研究［D］.西安：西安电子科技大学，2014.

［4］ 周盛雨.基于 FPGA 的动态部分重构系统实现［D］.北京：中国科学院研究生院，2007.

［5］ 孟凡惠.基于 SCA 的 FPGA 局部重配置系统的设计与实现［D］.长沙：国防科技大学，2010.

［6］ 董宇.基于 FPGA 局部动态可重配置技术的可靠性系统实现与优化［D］.西安：西安电子科技大学，2012.

［7］ Xilinx，PartialReconfigurationUser Guide. http：//www. Xilinx. com/products.

［8］ Xilinx，Partial Reconfiguration ofXilinx FPGAs UsingISE Design Suite. http：//www. Xilinx. com/products/.

［9］ Xilinx，Communications Infrastructure Generation forModularFPGAReconfigurationhttp：//www. Xilinx. com/products/.

［10］ Xilinx，Dynamic partialFPGAreconfiguration in space applicationsReconfigurationhttp：//www. Xilinx. com/products/.

［11］ Xilinx，"Early access partial reconfiguration user guide，" Xilinx Inc. ，Xilinx User Guide UG208，2006.

［12］ 潘伟.基于 SOPC 的部分自重构系统的研究与设计［D］.成都：电子科技大学，2006.

# 第7章　高可靠性 FPGA 的测试

航天型号 FPGA 软件具有极高的可靠性和安全性要求，是高风险、高投入、高技术的复杂产品，并且随着航天器在轨设计寿命的不断延长，软件设计在满足航天器在轨运行基本功能需求基础上，还要承担故障诊断和重构功能，软件规模不断增大、复杂度不断提高，对软件质量的要求也日益严格[1]。

为了确保软件质量、确认软件以正确的方式运行设计期望的功能，人们对软件测试越来越重视。软件测试是指在规定的条件下对程序进行操作，以发现程序错误，以此衡量软件质量，并且对其是否能满足设计要求进行评估的过程[1-2]。

## 7.1　FPGA 测试特性

一般来讲，FPGA 本质上是采用硬件编程语言，通过软件编程来改变器件内部逻辑连线关系，从而实现不同的硬件功能，它以硬件方式存在，但是不能单纯以硬件产品的测试方法进行测试，因此对 FPGA 进行需求满足性确认需要参考软件测试方法以及技术要求，同时还要结合 FPGA 最终以硬件方式实现的特点，考虑温度、电压、时序关系等因素。对 FPGA 的测试验证可以从软件特性和硬件特性两方面考虑。

从软件特性方面考虑，需要进行代码审查、静态分析、功能测试、性能测试、接口测试、逻辑测试等；从硬件特性方面考虑，需要进行时序仿真以及板级测试等。FPGA 的测试特性如图 7-1 所示[3]。

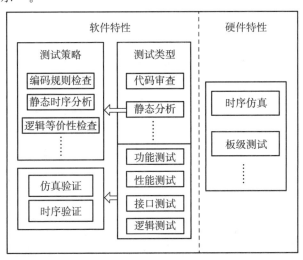

图 7-1　FPGA 的测试特性

## 7.2　FPGA 测试流程与方法

高可靠性 FPGA 仿真验证流程大致有需求分析、编码规则检查、人工审查、仿真验证、逻辑等价性检查、时序验证、板级确认测试以及回归测试等。具体高可靠性 FPGA 仿真验证流程如图 7-2 所示。

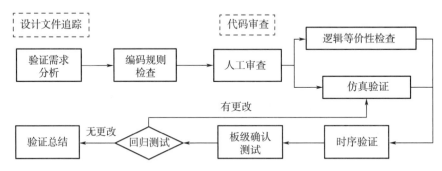

图 7-2　高可靠性 FPGA 仿真验证流程

（1）需求分析

需要采用完全独立的方式，重新对需求进行分解，对设计文件进行追踪，注重需求的完备性，除了必须的功能、性能外，还需要考虑接口时序、边界、各种工况强度以及可靠性、安全性等要求。

（2）编码规则检查

针对编码风格、代码格式、综合约束、设计方法进行审查。

（3）人工审查

采用人工审查的方式，不依赖设计文件，人测试人员的角度分析并理解被测设计，从一个新的角度来审视设计代码，关注代码实现与设计报告的一致性。

（4）仿真验证

仿真验证是对所涉及电路或系统的一种检测和验证，也就是对电路设计的逻辑行为和运行功能进行模拟测试，以获取排错、改进的信息（注：此阶段侧重于 RTL 级代码功能）。

（5）时序验证

时序分析或逻辑等价性分析为必做环节，强调不仅覆盖内部各时钟域和全部路径，同时覆盖全部接口时序。

（6）板级确认测试

对于高可靠性的 FPGA 产品来讲，仅仅通过功能仿真和时序仿真是远远不够的，因为时序验证只是通过静态时序分析的方法，检查工作时钟频率。真正要验证 FPGA 的功能必须要在板级和单机级对 FPGA 产品进行设计确认测试；重点关注电性能、接口时序波形等参数是否满足任务书要求（注：此阶段侧重在实际电路上的匹配、缺陷检测，不能以板级确认测试代替功能仿真验证和时序验证)[4]。

（7）验证总结

对验证过程和验证结果进行总结，编制验证报告，给出软件代码质量评估。

此外需要注意的是，在高可靠性 FPGA 验证流程中，以上各步骤都不存在替代的关系，而是相互支撑，是一个完整的整体。

在航天领域中，对于一个完善的高可靠性 FPGA 设计开发过程来说，除了设计方的 FPGA 完整的测试验证过程，还需要第三方进行独立的测试评估。第三方评测能够更客观、更全面、更专业地对设计的功能、效率、稳定度等进行测试和评估。主要包括测试需求分析、编码规则检查、人工审查、仿真验证、时序验证、回归测试、验证总结等阶段。

## 7.2.1　测试需求分析

测试需求通常以开发需求为基础，通过对开发要求的细化和分解形成可测试的内容。测试需求主要是解决"测什么"的问题，并且测试需求覆盖已定义的全部业务流程，包括功能方面和非功能方面的要求。在测试活动中首先需要明确测试需求，才能决定怎么测、测试时间、测试人员、测试环境、测试工具和需要的技能和相应的背景知识，以及测试中可能遇到的风险等，以上所有的内容结合起来，就构成了测试计划的基本要素。测试需求是测试计划的基础与重点，就像软件的需求一样，测试需求根据不同的环境、专业水平、测试要求，其详细程度也是不同的[5]。对于一个全新的项目或者产品，测试需求要力求详细明确，以避免测试遗漏和误解。

测试需求包括需求采集、需求分析和需求评审三个过程，如图 7 - 3 所示。

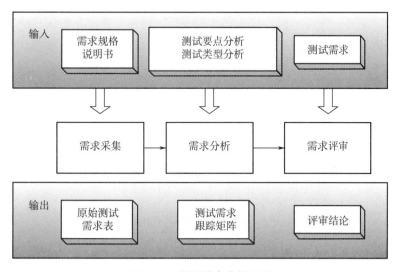

图 7 - 3　测试需求分析过程

（1）需求采集

需求采集的过程是将软件开发中的具有可测试性的需求或者特征提取出来，形成原始测试需求。可测试性指的是提取的需求或特征都有明确预知的结果，使其符合开发文档中的相关要求。需求采集的方法包括：通过列表的形式对开发需求进行梳理，形成原始测试需求表，表内容包括需求标识、原始测试需求描述、信息来源。

（2）需求分析

根据需求采集中的原始测试需求表进行需求分析，一般的测试过程中，测试类型分为以下几个方面：静态分析、人工审查、功能测试、性能测试、接口测试、强度测试、余量测试、恢复性测试以及边界测试。

（3）需求评审

测试需求是测试过程中最重要的一个输入，测试需求的质量在很大程度上决定了测试质量和产品的质量。需求的风险通常是测试过程中最大的一个风险，要降低测试需求阶段带来的风险，需要把测试需求评审做好。在测试需求评审中，可以尽早发现测试内容是否完整、测试是否充分、测试过程是否合理，减少以后测试过程中的一些风险情况，为以后的测试提供基础条件[1]。

### 7.2.2　编码规则检查

随着芯片规模加大，承担的任务加重，开发周期缩短，如何高效、高质量地开展设计，成为 FPGA 芯片开发工作需要重点解决的问题。FPGA 芯片的多样化要求代码具有强大的可移植能力。

硬件描述语言是当前 FPGA 芯片开发过程中使用的最主要的输入方式，通过行为描述实现逻辑电路和系统的设计，使 FPGA 芯片的开发具有了软件设计的特征。为了实现FPGA 设计需求，需要制定相应的编码规范，对设计者的编程行为进行约束，包括命名规则、排版格式、注释、代码结构、代码优化等编码过程中需要注意的编程细节。

FPGA 编码规范是行业中长期经验的总结和集体智慧的结晶，能够指导设计工程师正确编写代码，提高代码的整洁度，加强代码的安全性，便于跟踪、分析、调试，从而达到准确实现设计，提高软件开发效率的目的。

#### 7.2.2.1　FPGA 软件编码规范

宇航用高可靠性 FPGA 软件编码规范主要包括例化、结构设计、敏感列表、声明命名定义、运算赋值、循环分支控制等类别。宇航用高可靠性 FPGA 软件编码规范分类见表 7-1。

表 7-1　宇航用高可靠性 FPGA 软件编码规范分类

| 属性 | 说明 |
|---|---|
| 例化类 | 对端口映射方式、输入端口及映射端口数量等提出要求 |
| 结构设计类 | 对模块/单元的输入/输出端口、输出信号、顶层设计模块划分提出要求 |
| 敏感列表类 | 对进程中敏感列表信号提出要求 |
| 声明命名定义类 | 对端口声明、信号和变量的命名以及定义等提出要求 |

**续表**

| 属性 | 说明 |
|---|---|
| 运算赋值类 | 对信号赋值以及运算符使用等提出要求 |
| 循环分支控制类 | 对循环语句、case 语句、if 语句等提出要求 |
| 时钟类 | 对时钟的使用，跨时钟域设计代码等提出要求 |
| 复位及初始化类 | 对复位信号的全局设计、释放、复位/置位同步实现及复位赋值等提出要求 |
| 状态机类 | 对状态机的无效态、综合设置及初始化等提出要求 |
| 综合/约束类 | 对可综合设计、逻辑划分、时钟、管脚约束等提出要求 |
| 注释类 | 对文件开头、端口输入输出、内部信号及变量注释等提出要求 |
| 编码格式类 | 对空行使用、对齐和缩进及空格使用等提出要求 |

下面从命名规范、注释和文本规范、编码原则、状态机设计规范等结构方面进行举例说明。

（1）声明命名定义类

区分大小写，所有的信号（signal）、变量（variable）以及模块（module）的名字都用小写字母，常量名［参数（parameter）和宏（macro）］都用大写字母。不要依赖大小写给标识符增加语义。这样做是为了和业界的习惯保持一致，同时也可以很容易从代码中辨认出参数。

示例：

错误：paramerter width=16；

　　　　input[width−1:0] DATAIN；

正确：paramerter WIDTH=16；

　　　　input[WIDTH −1:0] data_in；

（2）注释类

每个设计文件开头应该包含如下注释内容：公司名称；作者；创建时间；文件名；所属项目；顶层模块；所需库；使用的仿真器和综合工具（运行平台和版本）；模块名称及实现功能和关键特性描述；文件修改记录（包括修改版本号，修改时间，修改人名字，修改内容）。并且关键功能注释率不小于 20%。

（3）运算赋值类

1）禁止给同一信号重复赋值，尽管 VHDL 允许给同一个信号重复赋值，但是重复赋值可能会引起误解或造成仿真困难。if 语句的 else 或 case 语句的 default 除外。举例如下：

```
process (a1,b,c,d)begin
  if (a1 = "10")then
    -- violation (details): signal "y" assigned several times
```

```
        y <= b;
    else
        y <= c;
    end if;
     -- violation (details): another assignment to "y" signal
    y <= d;
end process;
```

2）跨时钟域信号在使用之前应该做两级同步后再使用。这是由于当输入信号值在触发器建立或者保持时间发生变化时，触发器将输出亚稳态值，这种亚稳态会在电路中传播，严重情况会导致电路无法正常工作，在跨时钟域信号处理中，对跨时钟域信号进行两级同步可以有效地降低亚稳态的危害。

（4）状态机类

状态机必须有初始态且应用 safe 模式综合，状态机在上电时必须明确进入一个初始状态。safe 模式可以防止陷入非法状态后无法退出。状态机必须对所有状态都处理，禁止出现无法处理的状态，禁止使状态机进入死循环。

### 7.2.2.2　编码规则检查工具

在实际工作中，代码规则检查需要付出很大的代价，即使非常专业的测试人员，重新理解别人的代码也是很烦琐的工作，也容易出错；并且往往在实际开发过程中对产品质量以及研制周期要求都十分严苛，要求在有限的时间内，利用有限的经费完成高可靠性的软件测试，因此在软件测试中使用编码规则检查工具来提高测试效率和测试质量是非常必要的。

编码规则检查工具可以实现对代码是否符合国（军）标等相关标准的规则检查，能按照代码规则自动、快速判断与相关标准的符合性，还能检测代码是否与设计相符，并且能判断代码的可读性、逻辑表达正确性以及代码结构是否合理。其具体作用表现在以下几个方面：

1）代码自动检查，辅助各单位普及编程标准；

2）软件开发实时自查，在开发阶段就能发现代码问题；

3）代码级评测，作为代码评审的依据。

设计代码规则检查主要依据 FPGA 软件编码规范，使用编码规则检查工具对代码规则进行编码规范检查，辅助测试人员发现可编程逻辑器件中的设计问题。目前市场上主流的编码规则检查工具主要有 LEDA（Snopsys 公司）、HDL designer（Mentor 公司）和 Alint（Aldec 公司）[6]。

需要注意的是，单单依靠编码规则检查工具对代码进行检查是不够的，还需要人工对每一条编码规则检查结果进行分析，因为有时编码规则检查工具会提出一些"不合理"条目，需要通过人工结合代码结构分析来决定是否对"不合理"条目进行修改。

### 7.2.3　人工审查

采用人工审查的方式，对源代码进行功能性和可靠性审查。一般来讲，人工审查是一系列规程和错误检查技术的集合，需要以组为单位阅读代码，并通过两名及以上验证人员联合审查，重点检查被测设计代码是否存在错误和可靠性、安全性等隐患。

检查的内容包括：设计方法检查，如综合约束、设计方法、命名规则、代码格式等；设计功能审查，检查设计功能是否正确实现；综合结果审查，确保 FPGA 综合优化结果和代码应一致，综合时不存在隐患；抗 SEU 设计检查，确保代码关键信号的抗单粒子翻转能力是否符合要求。

人工审查和代码规则检查步骤的最大区别就在于：代码规则检查往往采用计算机工具进行，人工审查注重的是通过人工阅读程序发现问题，从程序员的设计与逻辑结构对代码进行分析，或者是对照程序常见的一些错误列表找出程序的错误。

通常来讲，通过人工审查所发现的问题往往都是机器无法识别的，举例如下：

1）配置管理不规范，提交验证版本错误，这里包括代码修改后未综合，综合版本错误，布局布线版本未更新等。

2）与设计依据不一致，包括管脚映射、输出信号顺序错误等。

3）双端口 RAM 的数据和使能不是同一个时钟域。

4）状态机的编码未采用 safe 模式综合。

5）检查综合警告是否对功能设计和最终结果有影响。

### 7.2.4　仿真验证

仿真（Similation）是对所涉及电路或系统的一种检测和验证，也就是对电路设计的逻辑行为和运行功能进行模拟测试，以获得许多对原设计进行排错、改进的信息。因此仿真阶段最重要的是模拟 FPGA 在真实工作环境下的工作情况，高可靠性 FPGA 仿真验证就是要做到在仿真中将所有正常及可能出现的错误工况均进行测试，最大程度防止 FPGA 在实际工况下运行出现错误。

FPGA 的仿真验证是一种常见的动态验证方法，此种方法形象直观，实现简单，并且能够通过覆盖率结果检查测试充分性。仿真使用设计软件包对已经实现的设计进行完整性测试，模拟实际物理环境下的工作情况[7]。

仿真验证是指仅对逻辑功能进行测试模拟，以了解其实现的功能是否满足原设计的要求。仿真过程没有加入时序信息，不涉及具体器件的硬件特性，如延时特性等，因此也称为前仿真。它是对 HDL 硬件设计语言的功能实现能力进行仿真，以确保 HDL 语言描述能够满足设计者的最初意图。

仿真验证环境开发语言有：

1）VHDL，Verilog：设计使用语言，最简单，上手快，但比较适用于简单的调试，难以用于构建复杂的仿真验证环境；

2）SystemVerilog：语法与 Verilog 类似，上手较快，数据类型丰富，能够方便地建立功能复杂的验证环境，面向对象编程，应用广泛，有验证理论如 VMM（Verification Methodolody Manual for systemverilog，SV 验证方法学）、UVM（Universal Verification Methodolody，通用验证方法学）等支持；

3）其他如 SystemC、E 语言等，但不属于主流开发语言，在此不做详述。

常见的仿真验证工具见表 7-2。

表 7-2　常见的仿真验证工具

| 工具名称 | 厂家 | 运行平台 |
| --- | --- | --- |
| Modelsim | Mentor | Windows/Linux |
| Questar | Mentor | Windows/Linux |
| IES | Cadence | Linux/Unix |
| VCS-MX | Synopsys | Linux/Unix |
| Active HDL | Aldec | Windows |
| Riviera-PRO | Aldec | Windows/Linux |

仿真验证阶段的主要任务是编写仿真验证计划，确认涉及的验证人员、分工，明确阶段时间安排和所需提交的阶段结果，建立测试平台，根据测试需求开展功能仿真验证[8]。

传统功能仿真验证流程如图 7-4 所示。

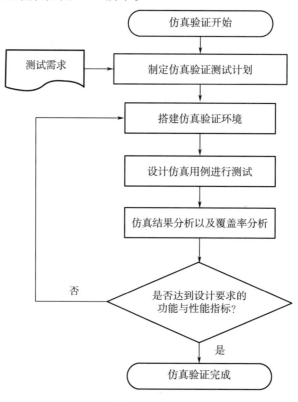

图 7-4　传统功能仿真验证流程

验证计划：制定验证策略，确认验证工具、验证代码的编写语言；进行测试平台设计，提供测试平台组成框图，考虑对已有仿真验证模型和测试平台的复用；确认可复用的测试平台资源、脚本；根据需要测试的功能点，完成验证用例的设计，确定其对应的验证通过依据，验证用例设计应确保测试需求中的需求项验证覆盖率为 100％。

功能验证：根据验证计划建立测试平台；依据测试用例的要求，在 EDA 平台下建立功能仿真环境，编制仿真测试激励向量，应满足被测软件外部输入的功能、性能、时序、接口要求[9]。

### 7.2.4.1  仿真验证环境

测试平台（Test Bench）或者称为测试基准，为测试或仿真 HDL 程序搭建了一个平台，在这个平台上我们给被测试的模块施加激励信号，通过观察被测试模块的输出响应，从而判断其逻辑功能和时序关系正确与否。测试平台示意图如图 7-5 所示。

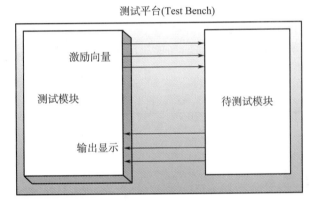

图 7-5  测试平台示意图

测试模块向待测试模块施加激励信息，激励信号必须定义成 reg 类型，以保持信号值。待测试模块在激励信息的作用下产生输出信号，输出信号必须定义为 wire 类型。测试模块中将待测试模块在激励向量作用下产生的输出信息用文本或者图形的方式显示出来，供用户检验。

### 7.2.4.2  测试用例实例

本节以一个简单的串口模块测试用例举例说明在功能仿真测试的流程，通过对串口模块的功能、接口、性能等方面的测试来验证该模块功能的正确性。

串口通信协议：串口通信速度为 100 kbit/s，采用 1 位起始位、8 位数据位、1 位校验位、1 位停止位，具体如图 7-6 所示。

图 7-6  串口通信协议时序图

根据对串口模块的分析，仿真模型如图 7-7 所示。

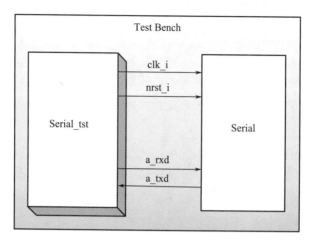

图 7-7　仿真模型示意图

设计一个仿真用例，最先需要明确的是模块的顶层输入/输出端口，串口模块的端口列表见表 7-3。

表 7-3　输入/输出端口列表

| 端口名称 | 输入/输出 | 功能描述 |
|---|---|---|
| clk_i | In | 时钟信号 |
| nrst_i | In | 复位信号 |
| a_txd | Out | 串口发送 |
| a_rxd | In | 串口接收 |
| rxdout | Out | 将接收到的串口数据通过并口输出 |

在明确了端口以后，对端口需求进行分析，对于串口而言，端口需求主要包括波特率、时钟频率等，本例中串口的波特率设置为 100 kbit/s，时钟频率为 16 MHz，复位时长为 1 ms，具体的测试用例部分代码如下：

```
ibrary ieee;
library std;
library modelsim_lib;
architecture TB_ARCHITECTURE of serial_tst is
component serial--端口声明
port(
    nrst_i: in   std_logic; --复位信号
    clk_i: in   std_logic; --时钟信号
    a_rxd: in   std_logic; --接收串口
```

```
        a_txd: out std_logic; -- 发送串口
        rxdout: out std_logic_vector(7 downto 0) -- 并口输出
        );
end component;
constant clk_period : time := 62.5 ns;
constant BIT_CYCLE : time := 10 us;
type inbusramType is array(0 to 52)of std_logic_vector(7 downto 0);
signal inbusram_a : inbusramType;
signal clk : std_logic;
signal nrst_i: std_logic;
signal a_txd : std_logic;
signal a_rxd : std_logic;
signal rxdout : std_logic_vector(7 downto 0);
-- 定义校验位变量
signal crc0_a: std_logic := '0';
-- 定义发送串口数据变量
signal uart_data_a_b : std_logic_vector(7 downto 0) ;
begin
uut : serialPORT MAP (
        clk_i   => clk,
        nrst_i  => nrst_i,
        a_txd       => a_txd,
        a_rxd       => a_rxd
        rxdout      =>rxdout
);
-- 时钟信号生成
clk_gen:
        process
        begin
            clk <= '0';
            wait for CLK_PERIOD/2;
            clk <= '1';
            wait for CLK_PERIOD/2;
        end process clk_gen;
-- 复位信号生成
rst_gen:
```

```vhdl
    process
    begin
        nrst_i  <= '0';
        wait for 1 ms;
        nrst_i  <= '1';
        wait;
    end process rst_gen;
---   获取串口数据空间值
sim_inbus_ram_a : process
    file rdinbusramfile_handle : text;
    variable rdline : line;
    variable j : integer;
    variable linepixdata : inbusramtype;
    begin
    wait for 100 ns;
    file_open(rdinbusramfile_handle,"F:\testljt\SERIA\tb\inbus_ram_a.txt", read_mode);
-- 通过读 TXT 文件获取数据空间值
    while not endfile(rdinbusramfile_handle) loop
        readline(rdinbusramfile_handle,rdline);
            for j in 0 to 44 loop
                hread(rdline,linepixdata(j));
                inbusram_a(j) <= linepixdata(j);
            end loop;
        end loop;
    file_close(rdinbusramfile_handle);
    wait;
    end process;
-- 串口数据发送
inbus_uartrx_a : process
    variable i : integer range 0 to 255 : = 0;
    -- 定义发送串口位数变量
    variable num : std_logic_vector(7 downto 0);
    begin
        uart_data_a_b <= "00000000";
        crc0_a <= '0';
        a_rxd <= '1';
```

```
-- 串口数据从待发送数组中取出
    for num in 0 to 44 loop
            uart_data_a_b <= inbusram_a(num);
            a_rxd <= '0';
            crc0_a <= '0';
            wait until rising_edge(clk);
            a_rxd <= '0';    -- 起始位
        wait for BIT_CYCLE;
        crc0_a <= '0';
        for i in 7 downto 0 loop
            a_rxd <= uart_data_a_b(i);
            crc0_a <= crc0_a xor uart_data_a_b(i);
            wait for BIT_CYCLE;
        end loop;
        a_rxd <= crc0_a; -- 校验位发送
        wait for BIT_CYCLE;
        a_rxd <= '1';    -- 结束位
        wait for BIT_CYCLE;
    end loop;
    wait for 200 us;
end process inbus_uartrx_a;
END;
```

在搭建仿真验证环境完毕后，设计仿真用例（激励向量）对 FPGA 软件进行仿真测试是十分重要的一环。

仿真用例必须要覆盖 FPGA 的所有有效功能，并且要考虑在真实条件下可能发生的错误工况，比如在串口收发测试时，不仅要关注测试需求中要求的波特率，还要考虑由于不同芯片的晶振误差和信号的传输误差导致波特率发生偏差的情况，因此要对串口测试中的波特率进行拉偏测试，将波特率调整 $\pm 0.1\% \sim \pm 5\%$，直到串口收发出现错误，记录下此时的波特率偏差值，这样的拉偏测试也有助于我们对 FPGA 产品的可靠性有一个全面的认识。

下面分别从功能、性能两个方面进行验证：

（1）功能测试

功能测试主要验证串口接收数据和发送数据的正确性，选择合适的输入激励后，运行仿真工具，观察仿真波形，观察被测模块接收数据是否正确，如图 7-8 所示。

从图 7-8 可以看到，测试用例输出的数据 uart_data_a_b 与 FPGA 程序通过串口采集到的数据 rxdout 一致，功能正确。

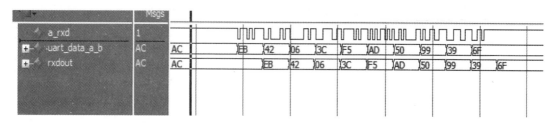

图 7 - 8　串口接收功能仿真结果图

从图 7 - 9 中可以看出，串口输出共有 11 位，其中起始位（第一位）为低电平，停止位为高电平，中间 8 个数据为 11101011，与 data_out 中的输出的 16 进制 EB 一致，满足需求。

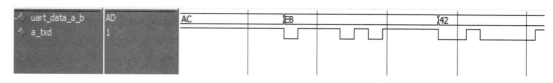

图 7 - 9　串口发送功能仿真结果图

在设计用例时，必须要考虑期望的测试结果，以供在测试过程中作为参照标准，同时也要考虑所有外部输入出现偏差情况下的用例，保证 FPGA 不会因为外部信号的偏差而出现错误。

设计故障工况用例，以帧头故障为例：帧头加注 ECH（正确的帧头是 EBH），发送帧头错误的串口输入数据至被测模块，观察仿真波形图。

从图 7 - 10 中可以看到，帧头错误的情况下采集数据全为 0，说明在错误帧头的情况下，被测模块识别输入数据无效，符合功能需求。

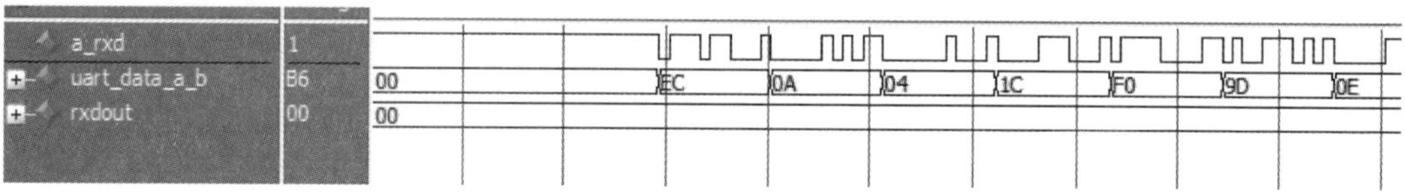

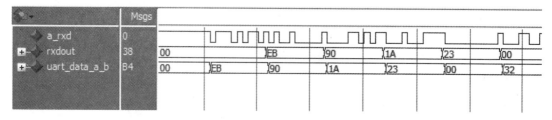

图 7 - 10　错误帧头仿真结果图

（2）性能测试

性能测试主要是测试接口是否满足性能需求，本次性能需求测试主要测试被测模块是否接收 100 kbit/s 波特率的串口输入数据，如图 7 - 11 所示。

图 7 - 11　性能仿真结果图

从图 7 - 11 中可以看到波特率为 100 kbit/s，被测模块能够正常接收串口数据，此外，为了满足模块的高可靠性，我们应当对该模块进行额外的波特率拉偏测试，以测试该模块在复杂环境中对串口数据接收的适应能力，如图 7 - 12、图 7 - 13 所示。

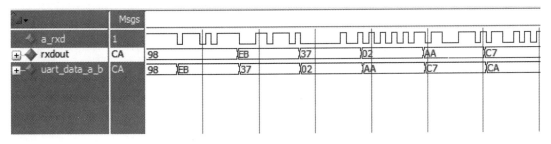

图 7 - 12　波特率拉偏 95 kbit/s 测试结果图

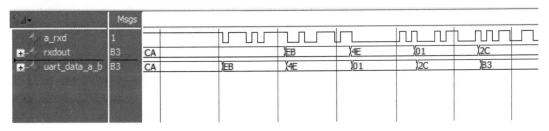

图 7 - 13　波特率拉偏 105 kbit/s 测试结果图

波特率约为 95 kbit/s 和 105 kbit/s 时，串口接收正确，说明该串口模块能够满足串口接收波特率在 ±5% 误差范围内可正确接收数据。

### 7.2.4.3　仿真覆盖性分析

测试覆盖率通过对代码、分支、状态机的执行数据来表征测试用例的完备性，是仿真验证有效性的一个度量指标，是对测试完全程度的评测。

测试覆盖率通常分两种：功能覆盖率和结构覆盖率。功能覆盖率指的是对 FPGA 产品功能点的覆盖率，需要通过基于需求的特定的用例来进行功能覆盖率测试，功能覆盖率需要通过测试需求追踪来统计，通常由人工来统计实现；结构覆盖率指的是与 RTL 设计代码相关的覆盖情况，其中又分为：语句覆盖率、分支覆盖率、条件覆盖率、表达式覆盖率、状态机转移覆盖率等，结构覆盖率通常在仿真验证的同时由仿真验证工具统计[8]。

在高可靠性 FPGA 设计验证中，结构覆盖率通常关注以下 5 种覆盖率：语句覆盖率、分支覆盖率、状态机覆盖率、表达式覆盖率和条件覆盖率。

（1）语句覆盖率

统计 RTL 代码行中每行语句的执行情况，是最常用的一种覆盖率统计方式，但由于仅统计已执行的语句的数量而不考虑各种分支的组合，因此在软件测试中仅仅参考这一项是不全面的。

（2）分支覆盖率

统计 if、case 等语句块中每个分支的执行情况。

（3）状态机覆盖率

状态机覆盖率通常包含状态覆盖率和状态转移覆盖率两种，状态覆盖率：统计状态机中各状态的执行情况；状态转移覆盖率：统计各状态之间的状态转移情况。

（4）表达式覆盖率

统计表达式语句中各信号的组合执行情况，表达式覆盖率是检查布尔表达式验证充分性的有力手段。

（5）条件覆盖率

统计条件语句中各信号的组合执行情况。

根据覆盖率结果对所有未覆盖到的语句、分支、表达式、条件、状态机进行未覆盖原因分析并评估可能会导致的后果。未覆盖原因通常有两类：第一类是仿真用例激励不完善，需要进行用例设计补充，进而填补覆盖率漏洞；第二类是代码设计原因，需要通过人工审查分析确认是否会带来不良影响。

下面举例说明代码设计原因导致语句未覆盖（见图 7-14）。

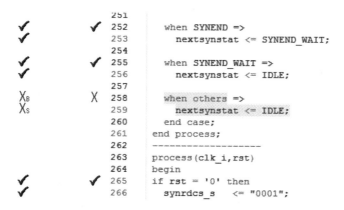

图 7-14　仿真测试中的未覆盖语句分析

图 7-14 中的第 258 和 259 行语句，是工具标识出来的仿真中未覆盖的语句，经过人工分析可知，此分支是状态机设计的可靠性措施，可以将跑入未知状态的状态机跳转至初始状态，是加强状态机可靠性的有效手段，用于覆盖该状态机的所有其他未声明状态。此未覆盖语句对代码正常功能无影响。

需要注意的是通过仿真工具进行代码覆盖率统计在大部分情况下都无法达到百分之百，此时对于未覆盖的情况需要通过人工审查来进行补充分析并且进行风险评估，以这种方式来达到仿真测试的百分之百覆盖率，以确保代码的高可靠性。

### 7.2.5　时序验证

时序验证也是高可靠性 FPGA 测试中必不缺少的一环，FPGA 的时序验证就是检查、验证整个设计的所有内部时序路径，以及所有外部接口是否满足相关的时序要求。检查的对象包括综合、布局布线后的门级电路。时序验证的方法主要有两种：动态时序仿真和静态时序分析（STA）。

1）动态时序仿真指的是将时序延迟反标到门级网表中，在仿真环境下进行带延时的仿真。优点是可以直观地看到信号波形图，有利于功能的分析；缺点是无法通过覆盖率保证充分性，效率低，运算能力需求高，当 FPGA 规模较大时难度较大。

2）静态时序分析指的是将延迟信息反标到网表文件，设计时序约束，采用数学计算的方法，对门级的所有时序路径进行穷举检查，确认是否存在时序冲突。优点是速度快，能够保证测试的充分覆盖；缺点是需要人工干预和分析，结果不够直观。

结合以上两点，时序验证在实际操作中常常采用静态时序分析和动态时序仿真相结合，辅以人工审查等手段，确保时序验证结果的覆盖性达到要求。

时序验证中主要指标有两个：建立时间和保持时间。这两者都是针对触发器而言的：建立时间（$T_{su}$, set up time）指的是触发器的时钟信号上升沿到来之前、数据稳定不变的时间，如果建立时间不够，数据将不能在这个时钟上升沿被稳定地打入触发器，$T_{su}$ 就是指这个最小的稳定时间。保持时间（$T_h$, hold time）是指在触发器的时钟信号上升沿到来以后，数据稳定不变的时间，如果保持时间不够，数据同样不能被稳定地打入触发器，$T_h$ 就是指这个最小的保持时间。

建立时间余量一定要大于 0，以保证寄存器 1 输出的信号能够在采样时钟沿被寄存器 2 正确采样，如图 7 - 15（a）所示，此时信号能够正确传递；当建立时间余量小于 0 时，如图 7 - 15（b）所示，此时信号不能够正确传递，在当前的时钟频率下该设计是不能正常工作的。

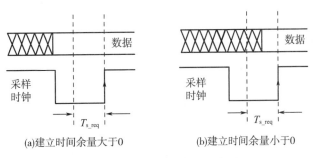

(a)建立时间余量大于0　　　　　(b)建立时间余量小于0

图 7 - 15　建立时间余量示意图

保持时间余量必须大于 0，以保证寄存器在采样数据时，输入信号不会被新数据覆盖，如图 7 - 16（b）所示，此时数据能够可靠地传输；当建立时间余量小于 0 时，如图 7 - 16（a）所示，此时数据无法可靠地传输。保持时间冲突通常是因为时钟延时比数据延时大。

### 7.2.5.1　静态时序分析

首先，STA 工具把一个层次化的设计打平（Flatting），找出所有的时序路径

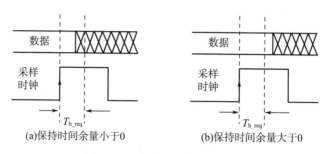

图 7 - 16 保持时间余量示意图

（Timing Paths），然后验证所有时序路径是否违反触发器的建立时间和保持时间，当信号在时序路径上传播时，到达某个逻辑门的时间为信号途经各逻辑门和互联线的延时之和，称为信号的到达时间（Arrival Time），考虑多信号扇入同一逻辑门的情形，其信号到达时间取为最晚的信号到达时刻，沿着信号传播的方向，路径的每一节点都有对应的信号到达时间[10]。

对于时钟周期为 $T$ 的电路，$T - t_{setup}$ 就是设计必须满足的规定时间（Required Time），即在这个时刻前信号必须到达触发器数据端并处于稳定状态，这里的 $t_{setup}$ 为触发器的建立时间。两触发器之间组合逻辑的原始输出端的规定时间为 $T - t_{setup}$，以此节点为起点，沿信号传播的反方向推算，可求得电路各节点信号的规定时间。有了规定时间和到达时间，可求得其差值［见式（7-1）］，称为此节点的时序裕量（Slack）。

$$Slack = Required\ Time - Arrival\ Time \tag{7-1}$$

若时序裕量为负数，说明此节点有时序冲突（Timing Violation），当此节点是触发器的数据输入端时会导致电路的时序冲突。由于各节点间存在时间借用（Timing Borrow），即使某些节点的 Slack 为负数也不一定会导致电路时序冲突。各节点的 Slack 信息一般都反馈给逻辑综合工具或后端优化工具做性能的整体优化[11]。

由于 FPGA 器件中逻辑门的延时会受到工艺制造偏差（$P$）、环境温度（$T$）和电源电压（$V$）的影响，为了保证所涉及的芯片在不同的 PTV 条件下都能达到额定的工作频率，需要验证在不同的 PTV 条件下电路中各条路径的时序是否满足触发器的建立和保持时间约束。PTV 分为三类：最好的（Best Case）、典型的（Typical Case）和最坏（Worst Case）的工作环境。Best Case 对应的是最小的工艺偏差、较低的工作温度以及较高的工作电压，Worst Case 对应着较大的工艺偏差、较高的工作温度和较低的工作电压，Typical Case 则是上述两种极端条件的折中。不同的 PTV 条件对应不同的工艺库参数，在 Worst Case 条件下 STA 工具调用逻辑门的最大延时，因此用 Worst Case 验证电路最大路径延时是否满足触发器建立时间的约束，在 Best Case 条件下 STA 工具调用逻辑门的最小延时，因此用 Best Case 验证该电路最小路径延时是否满足触发器保持时间的约束。

下面，以某 FPGA 产品（外部晶振为 16 MHz）为例给出静态时序分析步骤。

第一步，先使用 Libero 内嵌的 Synplify 进行综合后网表的静态时序分析。

　　从图 7－17 可以看出，Salck 满足大于 0 的情况，并且数值较为理想，所以综合后网表可以满足 FPGA 在 16 MHz 情况下运行。如综合后网表的静态时序分析不能满足 Slack 大于 0 的指标，则不建议进行下一步布局布线工作，而需要通过约束或更改设计使得综合后网表满足时序要求后，再进行下一步操作。

```
Performance Summary
*******************


Worst slack in design: 21.420

                  Requested    Estimated    Requested    Estimated
Starting Clock    Frequency    Frequency    Period       Period       Slack
-----------------------------------------------------------------------------
clk               20.0 MHz     36.8 MHz     50.000       27.150       21.420
```

图 7－17　综合后的静态时序分析结果

　　此外，这里需要提到的是 Requested Frequency 的设置应该比实际使用的时钟频率高 20%。比如，某 FPGA 产品的工作频率是 16 MHz，但是在进行静态时序分析时 Requested Frequency 应约束为 20 MHz，这样的时序裕量可以保证 FPGA 在极端情况下的工作频率满足 80% 降额要求。

　　接下来对布局布线后的最大、典型、最小三种工况进行静态时序分析，以 PrimeTime 时序分析工具举例，进行时序约束，对三种工况下的各个时钟域进行分析，工况设置见表 7－4。

表 7－4　三种工况设置表

| 序号 | 工况 | 温度值/℃ | 电压值/V |
| --- | --- | --- | --- |
| 1 | 最大工况 | 125 | 2.3 |
| 2 | 典型工况 | 25 | 2.5 |
| 3 | 最小工况 | −55 | 2.7 |

　　下面给出该 FPGA 产品各时钟域的建立时间和保持时间的最小余量分析结果，见表 7－5～表 7－7。

表 7－5　FPGA 最大工况下静态时序分析表

| 时钟 | 建立时间余量最小值/ns | 保持时间余量最小值/ns | 最小周期值/ns | 最高工作频率/MHz | 要求工作频率/MHz | 判断是否满足20%降额 |
| --- | --- | --- | --- | --- | --- | --- |
| clk_i | 13.45 | 1.28 | 49.05 | 20.39 | 16 | 满足 |

表 7 - 6　FPGA 典型工况下静态时序分析表

| 时钟 | 建立时间余量最小值/ns | 保持时间余量最小值/ns | 最小周期值/ns | 最高工作频率/MHz | 要求工作频率/MHz | 判断是否满足20%降额 |
|---|---|---|---|---|---|---|
| clk_i | 27.75 | 0.88 | 34.75 | 28.77 | 16 | 满足 |

表 7 - 7　FPGA 最小工况下静态时序分析表

| 时钟 | 建立时间余量最小值/ns | 保持时间余量最小值/ns | 最小周期值/ns | 最高工作频率/MHz | 要求工作频率/MHz | 判断是否满足20%降额 |
|---|---|---|---|---|---|---|
| clk_i | 29.94 | 0.52 | 32.56 | 30.71 | 16 | 满足 |

从表 7-5～表 7-7 可以看出，布局布线后三种工况下时序满足要求，并且时钟降额满足 80% 要求。

### 7.2.5.2　跨时钟域分析

跨时钟域分析属于静态时序分析的一种，其问题主要分为三类：亚稳态传播，跨时钟域信号在传播过程中出现数据破坏，跨时钟域信号再聚合（Reconvergence）时导致功能出现错误，以上问题的出现都是由亚稳态造成的。因此跨时钟域分析对时序分析来说，十分重要。

跨时钟域分析方法主要使用跨时钟域检查工具（如 Questa CDC 等），是一种全面的解决跨时钟域验证的自动化方式。通常来讲，跨时钟域检查工具能够发现并且确认所有的跨时钟域亚稳态问题，自动分析设计并指出可能导致亚稳态问题的信号，避免跨时钟域信号在传输过程中丢失或者由于延时产生相位移动导致功能错误，进而保证代码的完备性和设计的可靠性[1]。

（1）亚稳态传播

在设计之初需要对所有输入的跨时钟域信号使用同步器方式降低该信号的亚稳态传播概率。

（2）跨时钟域信号在传播过程中出现数据破坏

两级同步并不能百分之百保证数据传输的正确性，需要通过跨时钟域信号协议来保证这一点，例如握手信号等，另外在跨时钟域信号从高速时钟域进入低速时钟域时，需要特别注意跨时钟域信号的保持时间是否能够满足低时钟域采样。

（3）跨时钟域信号再聚合时导致功能出现错误

不同时延的跨时钟域信号在重新聚合时会因为相位差而导致功能错误。如组合方式的再聚合，很有可能出现毛刺。

由于当前 FPGA 设计功能的复杂化，通常一个设计都会包含多个时钟域，就必然会存在跨时钟域的时序路径，如果对跨时钟域的时序路径处理不当，就容易导致亚稳态、毛刺、多路扇出、重聚合的问题，导致设计不能稳定工作或者功能出现错误。

### 7.2.5.3　时序仿真

时序仿真就是在引入设计器件时序参数后，用最接近实际电路的模型来仿真 FPGA 设计，从而获得最贴近于实际的反馈，并以此来判断设计的正确性。但是由于一些仿真软件的限制，执行必是串行的，而 FPGA 中的电路是并发执行的，以串行模仿并行，时间上会有巨大的膨胀效应，因此对于稍微复杂一些的设计引入时序参数后，时序仿真所消耗的时间会相当长。这样的低效率会导致时序仿真的低覆盖率，因此在一些 FPGA 设计流程中，经常将这一步骤省略[12]。但是在宇航用高可靠性 FPGA 的设计流程中，这一步骤却是十分关键的。

在宇航用高可靠性 FPGA 产品的应用功能中，对时序的要求十分严格，哪怕只有一条路径不满足时序要求，也可能会导致十分严重的后果。因此在宇航用高可靠性 FPGA 设计流程中，时序仿真是不可或缺的一环。在实际情况中，考虑到时序仿真的效率较低，一般会挑选关键路径（比如时序最差的路径），开展针对性的时序仿真，确保在关键路径上不会出现时序冲突的问题[13]。

一般来说，时序仿真所使用的工具与功能仿真使用的工具是高度一致的，差别在于需要从第三方获得对应 FPGA 的库文件并编译引入仿真软件中。对于不同公司的 FPGA，所需要编译的库也不尽相同，以 ISE 联合 Modelsim 进行时序仿真为例，在做后仿时，需要在 Modelsim 中编译 Xilinx 的三个库，分别是 unisims 库（包含所有 Xilinx 的标准元件，只用于做功能仿真）、simprims 库（用于做时序仿真或者门级功能仿真）和 corelib 库（包含 Xilinx 各种 IP 核，仅用于做功能仿真）。

需要特别提到的一点是，时序仿真与功能仿真不同，只有针对设计中顶层模块进行时序仿真才有意义，因为最终在 FPGA 上实现的是真正的顶层模块，单独将一个子模块进行编译做时序仿真是没有任何意义的，因为两者之间布局布线等细节会发生根本性的变化，所以非顶层模块的时序仿真结果对于最终的 FPGA 设计是没有任何参考价值的。

## 7.2.6　逻辑等价性验证

目前，FPGA 设计的验证方法主要分为形式验证和模拟验证两大类。其中，形式验证是通过严格的运算推理验证设计的正确性，模拟验证主要是通过验证工程师编写专门的仿真测试激励，验证设计的正确性。针对 FPGA 设计的逻辑等价性验证就属于形式化验证的一种，以其验证速度快、逻辑覆盖全面、验证可靠性高等优点受到越来越多的关注，广泛适用于 RTL 级和 RTL 级、RTL 级和门级、门级和门级之间的等价性验证[14]。

### 7.2.6.1　逻辑等价性及其流程

逻辑等价性验证从数学运算角度提炼、遍历设计中的匹配点和逻辑锥（驱动匹配点的一系列组合逻辑实现），通过逻辑门运算结果的匹配验证，验证实现设计和设计规范的一致性[15]。针对大型复杂 FPGA 的验证，较之模拟验证方法，逻辑等价性验证方法更通用、更直观、更高效。

逻辑等价性验证（见图 7 - 18）是针对参考设计（RTL 级）和实现设计（门级、网表级）之间进行功能逻辑检查的有效手段，通过数学方式针对全部逻辑锥的功能运算进行一致性验证，验证参考设计和实现设计在所有输入条件下具有完全相同的逻辑功能行为，从而保证最终综合、布局布线后的逻辑结构满足设计功能需求。

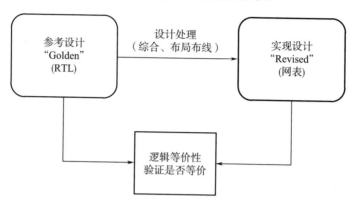

图 7 - 18　逻辑等价性验证方法示意图

逻辑等效性检查用于检查综合或布局布线过程中引入的错误，避免最终所得到的逻辑电路与设计存在偏差。逻辑等效性分析要对可编程逻辑器件的 RTL 级代码、逻辑综合之后的网表文件、布局布线之后的网表文件两两之间开展逻辑一致性检查[9]。测试要借助于等效性分析工具对文件之间的等效性进行分析，通过人工对结果信息进行二次分析并对问题进行追踪和定位[16-17]。

逻辑等价性验证的一般流程如图 7 - 19 所示。

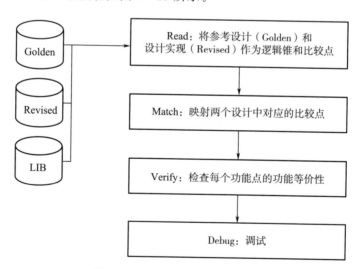

图 7 - 19　逻辑等价性验证流程图

首先，读入 RTL 级的参考设计（Golden），参考设计在前期已通过仿真验证，在逻辑等价性验证过程中，应作为标准的比对模型。然后读入经过综合和布局布线后的实现设计（Revised），其一般以门级网表形式存在；其次，进行匹配（Match），通过数学模型遍历参考设计和实现设计中所有输入、输出、寄存器、BlockBox 等匹配点，并一一进行映射。

再次，进行验证（Verify），针对所有逻辑点建立逻辑锥模型，如图 7 - 20 所示，通过遍历所有输入激励条件进行门级结构逻辑锥的数学运算，比对实现设计的数学运算结果与参考设计结果的一致性[14]。

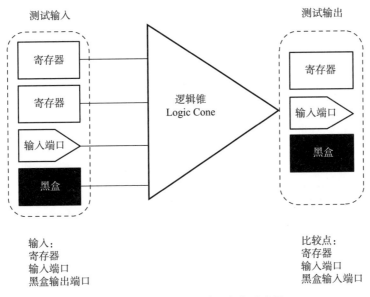

图 7 - 20　逻辑等价性验证定义示意图

应注意的是，在实际验证过程中并非所有设计均能一次性通过逻辑等价性验证，需要针对网表（Revised）进行参数调试（Debug），通过定位、分析不匹配点的具体原因，进行反复等价性验证，直至验证等价，通过此种验证方式可以单纯从逻辑结构角度，高效、直观地进行设计分析，方便快速发现设计问题。

### 7.2.6.2　逻辑等价性验证实例

本节使用的逻辑等价性软件为 Onespin 公司的软件 360EC - FPGA。

下面列出了本次进行逻辑等效性检查的文件类型。Golden 表示通过功能验证的代码，视为逻辑正确的参考代码。Revised 为待验证的设计。文件类型见表 7 - 8。

表 7 - 8　逻辑等价性文件类型

| Gloden | Revised |
| --- | --- |
| 通过功能验证的 RTL 代码 | 布局布线后网表 |

设置 FPGA 芯片系列和综合器，保证综合过程和芯片底层信息能够被软件自动识别，本工程的相关选择如图 7 - 21 所示。

逻辑等效性检查的比较对象为 RTL 代码和布局布线后网表，在进行逻辑等效性检查时，需将相关 RTL 代码设置为 Golden 设计，读入相关 hdl 代码，如图 7 - 22 所示。

布局布线后网表应设置为 Revised 设计，被用于和之前读入的 hdl 代码进行比较，如图 7 - 23 所示。

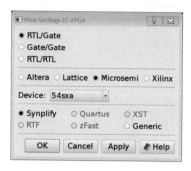

图 7 - 21　EC_FPGA 综合器和元件库选择

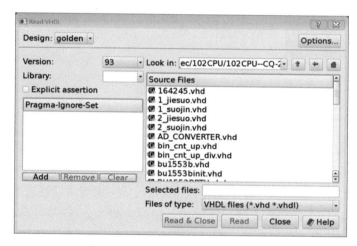

图 7 - 22　Golden 设计读入

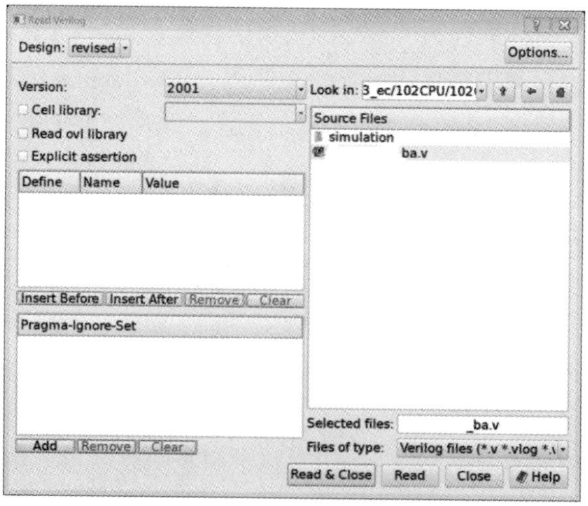

图 7 - 23　Revised 设计读入

　　在对 RTL 前仿代码和布局布线后网表进行逻辑等效性验证的过程中，EC _ FPGA 软件一共识别 23 个状态机，并对其进行逻辑等效性计算，对进行重编码的状态机进行符合真实情况的比较，如图 7 - 24 所示。

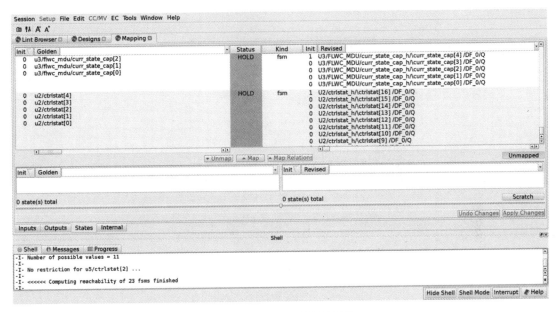

图 7 - 24　状态机等效性计算

　　共比较了 80 对输出和 1 715 对寄存器，结果证明输出和寄存器是等效的，如图 7 - 25 所示。

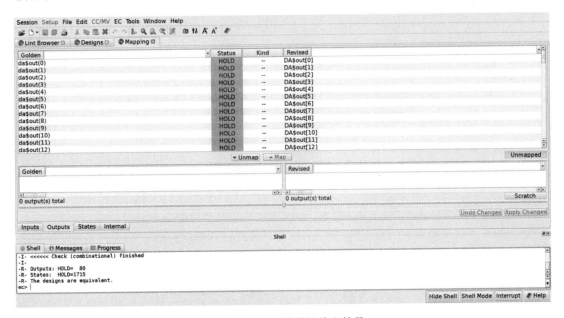

图 7 - 25　逻辑等效性检查结果

逻辑等效性验证结果表明，该工程布局布线后网表与前仿 RTL 代码逻辑等效，相关分析报告如图 7 - 26 所示。逻辑等效性检查结果见表 7 - 9，逻辑等效性结果为等效。

```
I- No restriction for u5/ctrlstat[2] ...
I-
I- <<<<<< Computing reachability of 23 fsms finished
I-
I- No FSM signals found for revised design.
I- Computing equivalent states and dynamic relations...
I- Adding state-mapping to analysis.
I- Adding 68 'no_propagate_DC' constraints.
I- Computing identities on golden design..
I- identities found: 78
I- Computing identities on golden and revised design..
I- identities found: 139
I- Computing dynamic relations..
I-
I- 1.00 sec CPU time sofar, 369 MB in use.
I- remaining checks: 6 dyn.relations
I- identities found:            0
I- dyn.relations computed:      6
I- 217 relations added, 6 relations modified.
I- Mapped states:  1708/1835.
I- 4 compare points already solved.
I-
I- >>>>>> Check (combinational) of 1791 open compare points
I-
R- 0.00 sec CPU time so far, 369 MB in use.
R- Compare points: HOLD=1791  FAIL=0  OPEN=0  TODO=0
I- <<<<<< Check (combinational) finished
I-
R- Outputs: HOLD=  80
R- States:  HOLD=1715
R- The designs are equivalent.
```

图 7 - 26　逻辑等效性验证分析报告

表 7 - 9　逻辑等效性检查结果

| 类型 | 比较点数量 | 结论 |
| --- | --- | --- |
| 输出 | 80 | 等效（HOLD） |
| 逻辑锥寄存器 | 1 715 | 等效（HOLD） |

### 7.2.7　板级确认测试

板级确认测试是指将配置文件加载到真实的目标板中，向被测试可编程逻辑器件施加激励，确认输出是否正确的过程，实物测试一般包含以下工作内容：

1）依据测试用例的要求，在实际运行条件下，对软件实现的功能和性能指标进行测试。

2）在真实的硬件环境中，对被测软件施加测试激励，记录测试结果。

在进行实物功能测试时，应当由 FPGA 产品任务书方对相应的 FPGA 产品功能进行分解，编写测试细则覆盖所有 FPGA 产品功能，逐项进行测试，这一步骤侧重于测试实际产品是否具备所有任务功能，注重实际电路上的匹配、缺陷检测。需要注意的是，不能以板级确认测试代替功能仿真验证和时序验证。

在 FPGA 的板级确认测试过程中，如果仅使用示波器对接口特别是内总线进行确认测试，十分费时费力，但是在高可靠性 FPGA 设计过程中，板级确认是不可忽视的一条，需要测试复杂或故障情况下的 FPGA 各输出信号的波形是否正确，这时候就需要用到逻辑分析仪，而我们平时使用的逻辑分析仪大部分是外部被动探针连接 FPGA 管脚，将信号引入逻辑分析仪，这种方法在操作时较为复杂，并且需要对硬件电路进行改造。基于此种情况可以采用内嵌逻辑分析仪进行测试，FPGA 的内嵌逻辑分析仪测试方法将在 7.2.8 节中进行介绍。

### 7.2.8　其他类测试

#### 7.2.8.1　随机测试

　　如前文所提到的，仿真用例的搭建原则是力求还原产品的实际工况，不仅要对正确工况进行用例测试，还要关注对故障工况的用例测试。而在很多情况下，仿真用例要达到的故障工况的百分之百覆盖率是很难甚至不可能做到的，因此在这里介绍一种可以提高测试效率的测试方法：随机测试。

　　随机测试的基本原理是在待测程序或电路的输入端随机产生测试输入，并通过观察输出端的运行结果来判断待测软硬件内部是否存在故障来达到测试目的。

　　随机测试的优点表现为以下三点：

　　1）算法简单，测试激励生成方便且高效；

　　2）无须被测设计的内部结构信息；

　　3）能够避免测试人员在编写测试用例时的主观偏见。

　　然而，由于随机测试的随机性和不确定性，也使其本身存在着一些固有的缺点：

　　1）测试的故障覆盖率很低；

　　2）过多的甚至是重复的冗余测试用例；

　　3）对于相同的待测程序或电路的多次测试，存在故障覆盖率的不确定性，因而导致测试效率很低。

　　随机测试虽然可以降低测试成本，但如果只是简单地随机产生测试用例，测试用例的有效性不高，为了进一步提高随机测试的有效性，T. Y. Chen 等人对随机测试进行了增强，提出了自适应随机测试（ART）的理论[21]，这种理论应用一定的算法策略，对随机产生的测试用例进行筛选，使得所选择的测试用例能均匀地分布于整个输入域中，从而提高测试的有效性。大量的实验表明，在某些测试环境下，ART 的有效性比随机测试有很大的提高，并继承了随机测试的简单性，测试人员不需要对测试用例进行区域划分和挑选，从而大大降低了测试的成本，缩短了测试的周期。

　　下面简单介绍基于 ART 理论的一种算法，固定候选测试用例集合的自适应随机测试算法（简称 FSCS 算法）。主要涉及两个集合：包含 $n$ 个已测测试用例的集合 $C = \{C_1，C_2，C_3，\cdots，C_n\}$，以及包含 $k$ 个随机产生的候选测试用例的集合 $E = \{e_1，e_2，e_3，\cdots，e_n\}$（在算法过程中 $k$ 值保持不变）。FSCS 算法如下[22]：

　　1）让 $n = 0$，$C = \{\quad\}$，$E = \{\quad\}$；

　　2）从输入域中随机产生一个测试用例 $e$；

　　3）用测试用例 $e$ 测试程序；

4) 如果测试用例 $e$ 不能引发程序失效，转 5）；否则，退出；

5) 将 $e$ 添加到 $C$ 中；

6) $n$ 递增 1；

7) 从输入域中随机产生 $k$ 个测试用例，并将其添加到 $E$ 中；

8) 对于 $E$ 中的测试用例 $e_j(j=1, 2, 3, \cdots, k)$ 找出与 $C$ 中上一个测试用例相距最远的测试用例 $e_j$；

9) 让 $e=e_j$，转第 3）步。

综上所述，随机测试本质上主要还是根据测试者的经验对软件进行功能和性能抽查，是软件测试中一种重要的补充测试手段，也是保证测试覆盖完整性的有效方式和过程。单独依靠随机测试来验证软件可靠性是不可行的，因为随机测试往往都不能达到一定的覆盖率，并且许多用例都是冗余的。因此软件的测试需要结合随机测试和完备的功能测试才能充分满足测试覆盖率的要求。

### 7.2.8.2　FPGA 的内嵌逻辑分析仪

为方便用户进行调试，FPGA 通常会内置信号观察逻辑，Alterla 提供的是 Signal Tap，而 Xilinx 提供的是 ChipScope。此外还有第三方调试工具：Synopsys 的 Identify，并且近年来安捷伦最新的 16850 系列逻辑分析仪也会内置 FPGA 动态探头应用程序，自动捕获 Xilinx 和 Alterla 的 FPGA 内部信号[18]。

这类工具的核心原理：以预先设定的时钟速率实时采样 FPGA 的内部信号或引脚状态，并存储于 FPGA 的内部 RAM 中，然后通过统一的嵌入式逻辑分析仪（Embedded Logic Analyzer，ELA）进行数据分析和管理。当预设的触发条件满足后，ELA 通过 JTAG 将存储在片内 RAM 中的缓存数据传输至 PC 上。当 PC 获得 JTAG 回传数据后，通过本地计算将对应的逻辑分析结果展现出来[19]。具体结构如图 7-27 所示。

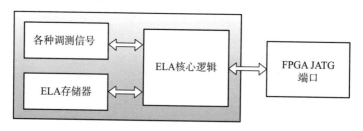

图 7-27　内嵌逻辑分析仪的实现原理

因此，无论是 Signal Tap 还是 Chip Scope，都是在工程中额外加一些特殊模块实现信号的采集，所使用的资源包括：逻辑单元、内部 RAM 以及 ELA 资源。逻辑分析仪的数据捕获原理如图 7-28 所示，所有存储单元都是与当前逻辑设计的 RAM 共享的。如果当前逻辑占用 RAM 较大，内嵌的逻辑分析仪功能将会有非常大的存储深度限制。

从图 7-28 中容易发现，逻辑触发的时刻可以动态调整，而且存储的数据长度与时间也很容易调整。此外，由于 FPGA 内置可编程能力，所以触发条件可以依赖于其他的事件触发，可以多级触发并形成基于状态的数据捕获。

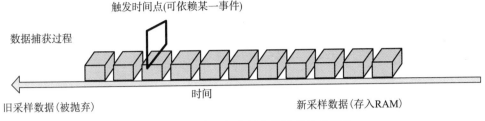

图 7 - 28　内嵌逻辑分析仪的数据捕获原理

　　例如，当 A 信号为高电平，且持续 32 周期后，如果此时信号为低电平且 C 信号有一个低脉冲，则触发一个等待事件，当等待事件发生若干个时钟周期后，再捕获数据，并通过逻辑分析仪发送出来。这就是基于状态机触发的逻辑分析功能，类似于 Verilog 中的 Assertion 断言和 FSM 状态机的有机结合体，是传统逻辑分析仪无法完成的[20]。由于现在的逻辑通常都比较复杂，基于传统的条件触发模式，往往耗时耗力，很难快速找到 BUG；而状态触发往往能够帮助设计者快速定位错误并调试。

## 7.3　本章小结

　　本章主要介绍了高可靠性 FPGA 的具体测试流程以及方法，并且通过举例的方式方便读者理解每个流程步骤。在发达国家，软件测试不仅成为软件开发的一个有机组成部分，而且在软件开发的系统工程中占有相当大的比重。从美国软件系统平均资金投入（见表 7 - 10），可以看出 FPGA 的测试在整个 FPGA 开发中的地位十分重要。

表 7 - 10　美国软件系统平均资金投入[23]

| 系统工程步骤 | 投入资金比例 |
| --- | --- |
| 需求分析 | 3% |
| 规划确定 | 3% |
| 结构设计 | 5% |
| 编程 | 7% |
| 测试 | 15% |
| 投产和维护 | 67% |

　　FPGA 的测试是一项系列过程活动，贯穿于软件项目的整个生命过程，现在很多 FPGA 项目的开发还停留在"作坊式"的阶段，项目的成功与否往往取决于设计师的个人能力，这导致了 FPGA 的可靠性并不高。但是随着市场对 FPGA 质量的要求不断提高，FPGA 的测试将变得越来越重要。测试不仅要确保 FPGA 工程的质量，还要给开发人员提供信息，以方便其为风险评估做相应的准备。正确认识软件测试在整个软件开发过程中的作用可以帮助整个工程减少许多不必要的损失。

# 参 考 文 献

［1］ 中国电子信息产业发展研究院．FPGA 软件测试与评价技术［M］．北京：人民邮电出版社，2017．

［2］ 田耕，徐文波．Xilinx FPGA 开发使用教程［M］．北京：清华大学出版社，2008．

［3］ IEEEE. IEEE Standard for Verilog Hardware Description Language（IEEE Std 1364 - 2001），Institute of Electrical and Electronics Engineers. 2001.

［4］ 于志杰．FPGA 验证流程及技术方法．五零二所空间飞行器软件检测站，2017．

［5］ CHU PONG P. FPGA Prototyping by Verilog Examples. Hoboken：Jone Wiley&Sons，2008.

［6］ 申春妮．雷达 FPGA 软件测试技术研究与实现［J］．测试技术学报，2019（33 - 2）：161 - 171.

［7］ BERTOLINO A. Software testing research：achievements，challenges，dreams［C］．Future of Software Engineering，Minneapolis，2007：85 - 103.

［8］ 王丽，周明，孙正凯．FPGA 软件测试模型及过程管理研究［J］．计算机技术与发展，2014，24（10）：140 - 143.

［9］ 王诚，吴继华．Alterla FPGA/CPLD 设计（高级篇）［M］．北京：人民邮电出版社，2005．

［10］ STEFANO P，FRANCESCO P，ANTONIO O，et al. Transient analysis of TSV equivalent circuit considering nonlinear MOS capacitance effects［J］. IEEE Transaction on Electromagnetic Compatibility，2015，57（5）：1216 - 1225.

［11］ HAMLET R，TAYLOR R. Partition Testing Does not Inspire Confidence［J］. IEEE Transactions on Software Engineering，1990，16：1402 - 1411.

［12］ 狄超，刘萌．FPGA 之道［M］．西安：西安交通大学出版社，2014．

［13］ 李彩．浅谈时序逻辑电路［J］．科技视界，2013（10）：38．

［14］ 朱倩，田甜，等，基于 FPGA 中状态机的逻辑等价性验证方法［J］．南通大学学报，2016，15（3）：45 - 49.

［15］ 张望．数字电路后端的形式验证方法研究及应用［D］．西安：西安电子科技大学，2008．

［16］ SHI - YU HUANG，TIM CHENG. Formal Equivalence Checking and Design Debugging［M］. London：Kluwer Academic Publishers，1998.

［17］ KUEHLMANN A，KROHM F. Equivalence Checking Using Cuts and Heaps［A］. Design Automation Conference，1997. Proceedings of the 34th［C］. 1997 - 06. 263 - 268.

［18］ 甘国妹，等，基于 FPGA 的简易逻辑分析仪设计［J］．玉林师范学院学报．2013．34（5）：23 - 27.

［19］ 文常保，等．一种用于逻辑分析仪的 FPGA 测试接口电路［J］．实验室研究与探索，2017，36（11）。11 - 14.

［20］ JUAN J，RODRIGUEZ A，MARIA D，et al. Advanced features and industrial applications of FPGAs - A review［J］. IEEE Transaction on Industrial Informatics，2015，11（4）：853 - 864.

[21]　T Y CHEN，H LEUNG，I K MAK. Adaptive Random Testing ［J］. M J Maher （Ed. ）：
　　　　ASAN2004，LNCS3321，PP. 320 - 329，2004.

[22]　DESIKAN S，RAMESH G. 软件测试原理与实践 ［M］. 韩柯，李娜，等译 . 北京：机械工业出版
　　　　社，2009.

[23]　软件测试的重要性 ［DB/OL］https：//www. cnblogs. com/likuangge/p/4474525. html，2015 -
　　　　05 - 03.